国家示范性高职院校建设项目成果教材
高职院校测绘类专业工学结合教材

# 数 字 测 图

郭昆林 主编

测 绘 出 版 社
·北京·

**内容简介**

随着现代测绘仪器的普及、计算机地图制图技术的发展，数字测图技术已经取代了传统的手工测图，成为大比例尺地图生产的主要方法。本书是与生产单位的专家合作编写的一本内容全面、技术适用、符合高等职业教育改革方向的专业教材。全书以数字测图工程项目作业流程为主线编排教学内容，阐述基本理论和基本方法，培养学生的实际动手能力。从认识数字测图、数字测图测前准备、图根控制测量、野外数据采集、内业计算机成图、地图数字化、数字测图技术设计与检查验收、数字地形图的应用等八个方面阐述了数字测图的基本原理和作业方法。本书优化了知识结构，突出了能力培养和技能训练的职业教育特点。学生通过对本书的学习，能参与完成数字测图生产任务，并能解决在工作中出现的技术问题。

本书为高职高专院校测绘工程专业和地理信息系统专业的教材，也可作为采矿工程、地质工程、交通工程、水利工程、电力工程等相关专业及工程技术人员的学习参考书。

**图书在版编目（CIP）数据**

数字测图 / 郭昆林主编. -- 北京 ：测绘出版社，
2011.1（2021.12 重印）
高职院校测绘类专业工学结合教材
ISBN 978-7-5030-2176-3

Ⅰ. ①数… Ⅱ. ①郭… Ⅲ. ①数字化制图－高等学校
：技术学校－教材 Ⅳ. ①P283.7

中国版本图书馆 CIP 数据核字(2010)第 251409 号

**责任编辑**　万茜婷　**封面设计**　李　伟　**责任校对**　董玉珍　李　艳　**责任印制**　陈姝颖

| | | | |
|---|---|---|---|
| **出版发行** | 测绘出版社 | **电　　话** | 010－68580735（发行部） |
| **地　　址** | 北京市西城区三里河路 50 号 | | 010－68531363（编辑部） |
| **邮政编码** | 100045 | **网　　址** | www.chinasmp.com |
| **电子信箱** | smp@sinomaps.com | **经　　销** | 新华书店 |
| **成品规格** | 184mm×260mm | **印　　刷** | 北京建筑工业印刷厂 |
| **印　　张** | 10.5 | **字　　数** | 260 千字 |
| **版　　次** | 2011 年 1 月第 1 版 | **印　　次** | 2021 年 12 月第 7 次印刷 |
| **印　　数** | 6801－7800 | **定　　价** | 30.00 元 |

**书　　号**　ISBN 978-7-5030-2176-3
本书如有印装质量问题，请与我社发行部联系调换。

# 高职院校测绘类专业工学结合教材
## 编 审 委 员 会

# 前　言

随着现代测绘技术的飞速发展，作为现代测绘技术基础的数字测图技术也呈现出日新月异的变化。以现代测绘仪器设备、计算机应用软件为主体的数字测图技术广泛应用于测绘生产，正逐步取代传统的白纸测图，因此纸质图也就成了数字地图的一种输出形式。数字测图新技术、新方法的大量涌现，使得数字测图课程的知识内涵不断深化。以工程项目为主线、培养技术应用能力为目标，侧重基本理论和基本方法的阐述，是高职高专教材关注的重点。

数字测图是测绘工程、地理信息应用等专业一门重要的技术基础课。本书是与生产单位的专家合作编写的一本内容全面、技术适用、符合高等职业教育改革方向的专业教材。全书以数字测图工程项目作业流程为主线编排教学内容，阐述基本理论和基本方法，培养学生的实际动手能力。从认识数字测图、数字测图测前准备、图根控制测量、野外数据采集、内业计算机成图、地图数字化、数字测图技术设计与检查验收、数字地形图的应用等八个方面阐述了数字测图的基本原理和作业方法。本书优化了知识结构，突出了能力培养和技能训练的职业教育特点。学生通过本书的学习，能完成数字测图生产任务，并能解决在工作中出现的技术问题。

本书编写的主要技术依据有《国家基本比例尺地图图式 第一部分：1∶500 1∶1 000 1∶2 000 地形图图式》(GB/T 20257.1—2007)、《1∶500、1∶1 000、1∶2 000 地形图要素分类与代码》(GB 14804—93)、《1∶500、1∶1 000、1∶2 000 地形图数字化规范》(GB/T 17160—1997)、《大比例尺地形图机助制图规范》(GB 14912—94)等。鉴于各种技术标准、规范和应用软件随技术的发展和时间的推移而不断完善，本书中所列的各种指标和参数仅供参考，不建议作为规范直接应用。

本书由昆明冶金高等专科学校郭昆林、内蒙古自治区煤田地质局109勘探队赵俊义确定编写大纲和整体结构。参加编写的人员有昆明冶金高等专科学校吕翠华、太自刚、马娟、张伟红、葛俊洁、欧阳慧、刘光伟和李明，云南地质工程第二勘察院潘尔仁、云南省测绘工程院乔忠诚等。具体的编写分工如下：单元一由吕翠华编写；单元二由欧阳慧编写；单元三由张伟红编写；单元四由太自刚编写；单元五由郭昆林编写；单元六由葛俊洁编写；单元七任务一由李明编写，任务二由乔忠诚、刘光伟编写；单元八任务一至任务四及任务六由马娟编写，任务五由潘尔仁编写。全书由郭昆林主编和统稿，陈国平、吕翠华、赵俊义参加了部分单元的检校工作。

全书由云南省测绘局测绘产品质量监督检验站教授级高工倪津主审，他对本书提出了宝贵的修改意见，昆明冶金高等专科学校赵文亮教授、张东明教授、徐宇飞副教授等也对本书提供了许多意见和建议，在此对各位专家表示衷心感谢。在编写过程中参阅了大量的书籍和文献资料，在此一并对这些参考书籍和文献资料的作者表示感谢！

由于编者水平有限，书中不妥和错漏之处在所难免，恳请读者批评指正。

# 目 录

# 单元一　认识数字测图

［单元概述］

本单元先对数字测图的职业岗位进行了分析，使学生了解典型的数字测图工作任务、作业方法与工作特点，以及从事该岗位应该具备的知识、技能和素质要求；然后介绍了本门课程的地位与作用，学习本门课程的方法和建议，并重点介绍了数字地图的概念与特点、数字测图技术的发展现状等。

［学习目标］

通过本单元的学习，了解目前数字测图常用的几种方法，数字测图的工作任务、内容及特点，理解数字地图的基本概念与特点及数字测图技术的发展现状。

## 任务一　职业岗位分析

测绘是为国民经济、社会发展及国家各个部门提供地理信息保障，并为各项工程顺利实施提供技术、信息和决策支持的基础性行业。以计算机和网络技术为支撑，以“3S”技术（全球卫星定位系统 GPS、地理信息系统 GIS 和遥感 RS 技术）为代表的测绘新技术正广泛应用于科研和生产，测绘产业已进入数字化、信息化时代。大比例尺地形图测绘是测绘、公路、建筑、水电、城乡规划、国土资源调查、矿山等行业的一项基础性、日常性测绘工作，随着现代测绘仪器的发展及计算机的普及，地形图的成图方法已实现了由传统的白纸成图向数字测图的转变。

### 一、岗位描述及典型工作任务

目前，数字测图方法可概括为三种：利用全站仪、全球卫星定位系统（Global Positioning System，GPS）或其他测量仪器进行野外数字测图；利用手扶跟踪数字化仪或扫描仪对纸质地形图的数字化；利用航测、遥感像片进行数字测图。前者是野外采集数据，后两者主要是室内作业采集数据。利用上述技术将采集到的地形数据传输到计算机，由数字成图软件进行数据处理，经过图形生成、编辑、整饰，生成数字地图。

**（一）纸质图数字化**

将已有的纸质图通过数字化仪或扫描仪完成数字化录入工作，这种方法所获得的数字地图受原图精度及数字化过程中所产生的各种误差的影响，其精度要比原图的精度低，而且它所反映的只是白纸成图时地表的各种地物地貌，不能保证图纸的现势性，因而常需要进行修、补测。

**（二）摄影测量和遥感成图**

摄影测量和遥感成图是利用航片和卫片，通过 JX-4 等全数字摄影测量系统及专业软件处理，获得数字地图的一种方法。

该方法适用于较大范围测图，成图速度快，效率高，成本低，受气候与季节的影响相对较小，是大范围数字测图的一个重要发展方向。

**（三）数字测图**

数字测图通过野外数据采集、数据处理、图形生成和编辑进行数字地图生产，也称为地面数字测图。传统测图方式主要是手工作业，外业测量人工记录，人工绘制地形图，最后为用图人员提供晒蓝图纸。数字测图则自动记录、自动展点连线，并向用图者提供可处理的数字地图，实现了测图过程的自动化。数字测图具有效率高，劳动强度小，错误（读错、记错、展错）几率小，获得的地形图精确、美观、规范等特点。

本书主要面向野外数字测图和地图数字化这两个数字测图职业岗位，重点介绍数字测图作业员所应具备的知识和技能。

在数字测图职业领域中，其典型作业任务主要有：编写数字地形图测绘的技术设计；根据设计要求布设首级平面控制；使用测量仪器，在首级控制基础上，利用导线测量、交会方法等进行图根控制测量；用三、四等水准补充首级高程控制，用三角高程测量等方法进行图根高程控制测量；用数字测图方法进行外业数据采集及内业成图；进行成果的检查评定；进行技术总结；根据数字地形图绘制纵横断面图，计算填挖方量等。

## 二、数字测图工作特点

数字测图不同于传统的手工图解法测图，下面分别介绍数字测图的外业和内业工作特点。

**（一）外业工作的特点**

数字测图常用自动化程度较高的全站仪等测绘新仪器，内业使用数字成图软件，与传统手工测图相比，具有以下显著的特点。

1. 自动化程度高

手工图解法在外业就基本完成了地形图的绘制，外业工作内容较多、手工记录、手工计算、自动化程度低、劳动强度大。而数字化测图在外业主要完成数据采集，测图工作主要在内业完成，加上数字化测图采用先进的电子仪器自动记录、自动计算、自动存储，自动化程度高，劳动强度较小。

2. 作业效率高

手工图解法测图必须严格遵循"先控制后碎部"的原则。而数字测图则允许图根控制和碎部测量同时进行，即采用"一步测量法"，即使在未知点上设站也可以采用"自由设站"方法，利用电子手簿的计算功能进行测图工作。这样便于同时大面积展开测图工作，提高作业效率。

3. 测站覆盖范围大

手工图解法测图由于受到测距精度和成图方法的限制，测站点的测量范围较小。而数字化测图采用全站仪能同时自动地测定角度和边长，所以一般用"极坐标法"测定地形碎部点。由于全站仪具有很高的测距精度，因此在通视良好、定向边较长的情况下，可以放宽测站点到碎部点间的距离，扩大测站点的覆盖范围。

4. 工作范围易于划分

手工图解法测图是以图板为工具，以图幅为单元组织测量。数字测图的外业一般没有图幅的概念，而是以自然界线（河流、道路等）来划分作业组的工作范围。这样便可自然地组织施测工作，更为重要的是可以减少地物接边问题带来的麻烦。

5. 对测点依赖性强

手工图解法测图的外业工作可以较多地融入人的经验，如线状地物的转折和地形起伏方面，可以利用人的观察和判断来减少碎部点个数。数字测图则不然，它完全依赖所观测的点数。因此，一般情况下，数字化测图比常规测图需要较多的观测点数和较好的点位分布。

6. 对记录要求高

数字测图所获得的有关地物、地貌的数字信息，无法显示图形信息及其相互关系，直观性较差；对于一些有关实体的属性（如地理名称、房屋结构与用途等）也无法在野外注记。因此，碎部点记录要准确记录测点点号、连线关系与地物属性信息。在复杂测区，通常采用野外绘制草图和地物属性注记的方法进行内业注记、图形及相对关系的检查。

7. 测量精度高

数字测图一般采用全站仪、GPS-RTK 进行碎部点数据采集，由于采用光电测距技术，距离测量精度高，因此碎部点测量具有较高的精度。

**（二）内业工作的特点**

数字测图内业工作主要依靠计算机及成图软件，其内业工作与手工图解法测图方法相比也具有显著的特点。

1. 成图速度快

手工图解法测图的内业工作主要是利用三角尺、圆规等工具，手工对外业绘制的白纸图进行清绘、整饰、拼接，相对数字化测图，内业处理速度较慢，劳动强度高。而数字测图在内业工作中充分利用现代技术手段，利用计算机和地形图成图软件对野外测量采集的数据与地形信息进行处理，提高了内业成图的速度，缩短了成图周期。

2. 绘制图形规范

手工图解法测图内业处理是手工绘制地形图的点、线、符号，进行文字注记，显然线条难以均匀，绘制的符号难以规范，文字注记即手写字体更难以规范化。而数字测图的内业处理使用的绘图软件，能够使绘制的地形图的点、线、符号、文字注记等规范美观，符合国家地形图的成图规范。

3. 成图精度高

手工图解法测图的内业处理，不仅难以做到点、线、符号和文字注记等地形图图面信息的规范化，而且会造成点位精度的损失，降低地形图的质量。而数字测图的内业处理依据外业测量的点位信息和地形的属性信息进行图形编辑，可以利用软件的功能对量取的几何图形进行精确的绘制，精度上无损失，成图的精度高。

4. 分幅、接边方便

手工图解法测图一般是先分幅，然后逐幅测量，图幅接边不方便，相对数字测图精度低。而数字测图内业工作首先是图形编辑，将编辑好的图形按测区合成一体，然后统一进行地形图的分幅，使地形图分幅方便、规范、精度高。

5. 易于修改和更新

手工图解法测图方法的内业处理结果体现在图纸上，发现错误必须擦掉，重新绘制，修改很不方便。而数字测图内业处理是将处理结果储存在磁盘上，图形编辑中出现的问题易于修改和更新。

6. 对外业记录依赖性强

手工图解法测图是在外业中完成地形图的绘制，绘图员可以边观察地形，边绘图、注记，内业只进行加工处理。而数字测图的内业处理是根据外业测量的地形信息进行图形编辑、地物属性注记的，如果外业采集的地形信息不全面，内业处理就比较困难。因此，数字测图内业完成后，一般要输出到图纸上，到野外检查、核对。

7. 对绘图人员要求高

手工图解法测图的内业处理只是在外业成图的基础上进行整饰、清绘，技术要求相对较低。而数字测图内业工作是借助计算机和成图软件完成图形编辑，要求作业人员必须熟练掌握计算机操作和绘图软件的使用，技术含量高。

## 三、职业能力及素质要求

大比例尺数字地形图测绘工作所应具备的职业能力有：首先通过操作全站仪使用多种采集方式完成图根控制测量、碎部测量工作，其次利用测量专业软件进行数字地形图绘制，最后进行数字测图成果检查，成果合格后将其应用在具体建设工程中。具体要求如下。

(1)能进行图根控制测量，使用测量软件完成图根控制测量数据处理。

(2)掌握野外碎部点数据采集的常用仪器及相应的采集方法。

(3)掌握大比例尺数字地形图测绘的基本理论和方法。

(4)能熟练运用一种地形地籍成图软件(如南方 CASS)绘制大比例尺数字地形图。

(5)掌握等高线自动追踪的基本理论，能根据高程点数据文件熟练生成等高线，并结合实地地形修改等高线。

(6)能进行纸质图扫描矢量化。

(7)掌握大比例尺数字地形图在工程中的应用，掌握填挖方计算的基本原理和计算方法。

(8)掌握数字测图成果检查验收的方法。

(9)掌握数字测图项目的技术设计报告和技术总结报告的编写方法。

## 四、课程的地位与作用

数字测图是测绘工程技术专业一门重要的专业基础课，是一门理论和实践相结合的课程。通过本课程的学习，要使学生掌握数字地形图测绘的基本理论、基本知识和基本技能，能独立进行大比例尺数字地形图的测绘。

## 五、课程的学习方法

数字测图是一门实践性非常强的综合性课程，不仅有自身的理论、原则、作业方法及步骤，而且还与其他课程如测量学、地形绘图、计算机应用基础、CAD 技术、控制测量、地籍测量和数据库原理与技术等有着密切的联系，涉及这些课程中相关基本知识如图根控制测量、碎部测量、地形图的绘制方法、地形图图式符号的应用、全站仪和 GPS 等测量仪器的综合应用。要学好数字测图，必须重视理论联系实际。

在学习过程中，除在课堂上认真学习理论知识外，还要参加与理论教学对应的实验课的教学实习。在掌握课堂讲授内容的同时，认真完成每一次实验课的实验内容，以巩固和验证所学理论。课后要求按思考与练习题的内容加深对基本概念和理论的理解，要自始至终完成各项学习任务。在条件允许的情况下，可使用指导教师提供的数字测图多媒体课件进行学习，并在指导教师的安排下，开展一些与本课程相关的专题参观或调查，了解新理论、新技术、新设备在本学科中的应用。

在本课程的学习过程中，应注重实际操作能力的培养，教学实习是巩固和深化课堂所学知识的一个系统的实践环节，是理论知识和实验技能的综合运用。因此，掌握数字测图的基本理论、基本知识、基本技能，以及建立地形数据采集、数据处理与成图、成果与图形输出的完整概念是非常必要的。

在完成课堂实验课和教学实习后，必须加强本课程综合应用能力的培养。在指导教师的组织安排下，按生产现场的作业要求拟订实践任务或组织参加教学生产实习，将大比例尺数字测图中地形数据采集、数据处理与成图、成果与图形输出等环节的操作过程衔接起来，掌握每一个环节的作业方法和步骤，完成大比例尺数字测图作业的全过程。通过理论联系实际的综合训练，培养分析问题和解决问题的能力及实际动手能力，为今后从事测绘工作打下良好基础。

### 职业能力训练

训练一：查阅相关资料，进一步了解国内外数字测图技术的发展现状及发展趋势。

训练目标：培养学习者判断、选择、整合、获取和使用信息的能力及自学能力。

操作提示：

(1)利用百度、谷歌等网络搜索引擎查阅资料。

(2)通过电子期刊或杂志查阅相关文献。

(3)查阅数字测图相关书籍等。

## 任务二　认识数字地图

### 一、数字地图

数字地图(digital map)是指以数字形式存储在磁盘、磁带、光盘等介质上的地图。通常我们所看到的地图是以纸张、布或其他可见真实大小的物体为载体的，地图内容绘制或印制在这些载体上。而数字地图是存储在计算机的硬盘、光盘或磁带等介质上的，地图内容是通过数字来表示的，需要通过专用的计算机软件对这些数字进行显示、读取、检索、分析。数字地图上可以表示的信息量远大于普通地图。

数字地图可以非常方便地对地图内容进行组合、拼接，形成新的地图，可输出任意比例尺的地图，易于修改，也可方便与卫星影像、航空像片等其他信息源结合使用，还可以利用数字地图记录的信息派生新的数据。例如，地图上等高线表示地貌形态，但非专业人员很难看懂，利用数字地图的等高线和高程点可以生成数字高程模型(digital elevation model, DEM)，将地表起伏以数字形式表现出来，可以直观立体地表现地貌形态。这是普通地形图不可能达到的表现效果。

在人类所接触到的信息中约有80%与地理位置和空间分布有关。因此，因特网(Internet)

和地理信息系统等现代信息技术的发展，对空间信息服务软件和提供服务的方式方法的要求也越来越高。运用空间信息技术的工具和手段可以为监测全球变化和区域可持续发展服务，也可以为社会各阶层服务。作为全球变化与区域可持续发展获取时空变化信息的技术方法，空间信息技术为政府部门提供决策支持、为普通大众提供日常信息服务的功能，越来越引起人们的重视，“数字地球”应运而生。

## 二、数字地图的特点

传统手工图解法测图的主要产品是纸质地形图，而数字测图的主要产品是数字地图。数字地图具有以下主要优点。

1. 便于成果更新

数字地图是以点、线、面的定位信息和属性信息存入计算机的，当实地有变化时，只需输入变化信息的坐标、代码，经过编辑处理，很快便可以得到更新的图，从而可以确保地面的可靠性和现势性，数字测图可谓“一劳永逸”。

2. 避免因图纸伸缩带来的各种误差

表示在图纸上的地图信息随着时间的推移，会因图纸的变形而产生误差。数字地图以数字信息保存，不会因时间的推移而产生误差。

3. 便于传输和处理，并可供多用户同时使用

计算机与显示器、打印机联机时，可以显示或打印各种需要的资料信息，当对绘图精度要求不高时，可打印图形。计算机与绘图仪联机，可以绘制出各种比例尺的地形图、专题图，以满足不同用户的需要。

4. 方便成果的深加工利用

数字测图分层存放，可使地面信息无限存放(其优点是纸质图无法与之相比的)，不受图面负载量的限制，便于成果的深加工利用，从而拓宽测绘工作的服务范围。比如 CASS 软件中共定义 26 个层(用户还可根据需要定义新层)，房屋、电力线、铁路、植被、道路、水系、地貌等均存于不同的层中，通过关闭层、打开层等操作来提取相关信息，便可方便地得到所需测区内的各类专题图、综合图，如路网图、电网图、管线图、地形图等。又如在数字地籍图的基础上，可以综合相关内容，补充加工成不同用户所需要的城市规划用图、城市建设用图、房地产图及各种管理用图和工程用图。

5. 便于建立地图数据库和地理信息系统

地理信息系统(geographic information system, GIS)具有方便的空间信息查询检索功能、空间分析功能及辅助决策功能，这些功能在国民经济、办公自动化及人们日常生活中都有广泛的应用。然而，要建立 GIS，花在数据采集上的时间、精力及费用约占整个工作的 80%，且 GIS 要发挥辅助决策功能，需要现势性强的信息地理资料。数字测图能提供现势性强的基础地理信息，经过格式转换，其成果即可直接导入 GIS 数据库，对 GIS 数据库进行更新。一个好的数字测图系统应该是 GIS 的一个数据采集子系统。

6. 便于成果的使用

数字地图可以方便地传输到 AutoCAD 等软件系统中，能自动提取点位坐标、线段长度、直线方位和地块面积等有关信息，以便工程设计部门进行计算机辅助设计。

总之，数字地图从本质上打破了纸质地形图的种种局限，赋予地形图以新的生命力，提高

了地形图的自身价值，扩大了地形图的应用范围，改变了地形图使用的方式。

### 职业能力训练

训练一：给定一幅数字地形图，识读该地形图包含哪些地物要素，按图层分别提取同类地物信息并生成独立的图形文件。

训练目标：通过训练，培养学习者识读地形图的能力，以及对数字地形图的简单应用和处理能力。

操作提示：

(1)熟悉《国家基本比例尺地形图图式 第一部分：1∶500 1∶1 000 1∶2 000 地形图图式》(GB/T 20257.1—2007)。

(2)利用 AutoCAD 中按图层批量选择对象的功能提取同类地物信息。

# 任务三　认识数字测图

## 一、数字测图

### (一)数字测图的概念

数字测图是以计算机为核心，在外连输入输出设备及软硬件的支持下，通过计算机对地形空间数据进行处理得到数字地图，需要时也可用数控绘图仪绘制所需的地形图或各种专题地图。广义的数字测图又称为计算机成图，主要包括：地面数字测图、地图数字化成图、航测数字测图、计算机地图辅助制图。在实际工作中，大比例尺数字化测图主要指地面数字测图，也称野外数字测图。

### (二)数字测图的基本思想

数字测图的基本思想是将地面上的地形和地理要素(或称模拟量)转换为数字量，然后由电子计算机对其进行处理，得到内容丰富的数字地图，需要时由图形输出设备(如显示器、绘图仪)输出地形图或各种专题图。将模拟量转换为数字量这一过程通常称为数据采集(地图数字化)。目前数据采集方法主要有野外地面数据采集法、航片数据采集法、原图数字化法。数字测图的基本思想与过程如图 1-1 所示。

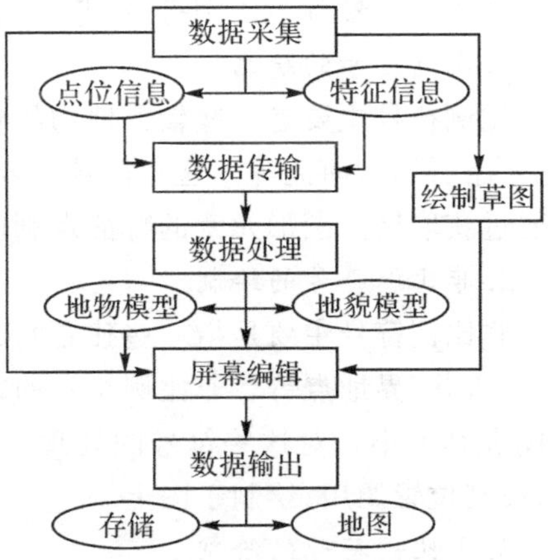


图 1-1　数字测图的基本思想与过程

### (三)数字测图图形信息的采集和输入

各种数字测图系统必须首先获取图形信息，地形图的图形信息包括所有与成图有关的资料，如测量控制点资料、解析点坐标、各种地物的位置和符号、各种地貌的形状、各种注记等。对于图形信息，常用的采集和输入方式有以下几种。

1. 地面测量仪器数据采集输入

应用全站仪或其他测量仪器在野外对成图信息直接进行采集。采集的数据载体为全站仪的存储器和存储卡，如全站仪 SET2000 所配备的相应的存储器和存储卡，也可以是电子手簿，如 GRE3、GRE4 等，还可以是各种袖珍计算机及便携机，如 PCE-500 等。采集的数据可通过接口电缆直接传入计算机中。

2. 人机对话键盘输入

对于测量成果资料、文字注记资料等，可以通过人机对话方式由键盘输入计算机中。

3. 数字化仪输入

应用数字化仪对收集的已有地形图的图形资料进行数字化，也是图形信息获取的一个重要途径。数字化仪主要以矢量数据形式输入各类实体的图形数据，即只要输入实体的坐标。

4. 扫描仪输入

对已经清绘过的地形图，可以利用扫描仪进行图形输入，用专业软件把扫描获得的栅格数据转换为矢量数据，从中提取图形的点、线、面信息，然后再进行编辑处理。

5. 航测仪器联机输入

利用大比例尺航摄像片，在航测仪器上建立地面立体模型，通过接口把航测仪器上量测所得的数据直接输入计算机；也可以利用数字摄影测量系统直接得到测区的数字模型，再经过计算机图像处理得到数字地形图及数字地面模型(digital terrain model，DTM)。

6. 由存储介质输入

对于已存入磁盘、磁带、光盘中的图形信息，可通过相应的读取设备进行读取，作为图形信息的一个来源。

**(四)图形信息的符号注记**

地形图图面上的符号和注记在手工制图中是一项繁重的工作。计算机成图不需要逐个绘制符号，而只需先把各种符号按地形图图式的规定预先做好，并按地形编码系统建立符号库，存放在计算机中。使用时，只需按位置调用相应的符号，使其出现在图上指定的位置。这样进行符号注记，快速简便。

地形图符号分为比例符号、非比例符号及半比例符号三种。这些符号的处理方法如下。

1. 比例符号的绘制

比例符号主要是一些较大地物的轮廓线，依比例缩小后，图形保持与地面实物相似，如房屋、道路、桥梁、河流等。这些符号一般是由图形元素的点、直线段、曲线段等组合而成，因而可以通过获取这些图形元素的特征点利用绘图软件绘制。

2. 非比例符号的绘制

非比例符号主要是指一些独立的、面积较小但具有重要意义或不可忽视的地物，如测量控制点、水井、界址点等。非比例符号的特点是仅表示该地物中心点(或底边中心点)的位置，而不代表其大小。对这些符号的处理，可先按照图式标准将符号做好存放于符号库中，在成图时，按其位置调用，绘制于图上。

3. 半比例符号的绘制

半比例符号在图上主要是指一些线状地物，如长条地物、围墙、斜坡、境界等。这些符号的特点是在长度上依比例。在处理这些符号时，可对每一个线状地物符号编制一个子程序，需要时，调用这些子程序，只需输入该线状地物转折处的特征点，即可由程序绘出该线状地物。

4. 符号的面填充

地面的植被、土质等按照图式规定绘制一定的代表性符号均匀分布在图上该范围内，这种绘图作业可由绘图软件的“面填充”功能来完成。

5. 说明注记

图上的说明注记分为数字注记、字母注记和汉字注记三种。数字注记和字母注记一般为绘图程序中所固有的，注记比较方便；对于汉字注记，可先建立矢量汉字库，根据汉字特征码进行注记，对于汉化的 AutoCAD 软件，则可直接进行汉字注记。

## 二、数字测图的发展与展望

### (一)数字测图的发展

传统的测图手段是利用测量仪器对地球表面局部区域内的各种地物、地貌特征点的空间位置进行测定，并以一定的比例尺按图示符号将其绘制在图纸上，也称手工图解法测图。在测图过程中，数字的精度由于刺点、绘图及图纸伸缩变形等因素的影响会有较大的降低，而且存在工序多、劳动强度大、质量管理难等问题。特别是在当今的信息时代，纸质地形图已难承载过多的图形信息，图纸更新也极为不便，难以适应信息时代经济建设的需要。

随着科学技术的进步和计算机技术的迅猛发展及其向各个领域的渗透，以及电子全站仪和 GPS-RTK 等先进测量仪器和技术的广泛应用，数字测图技术得到了突飞猛进的发展，并以高自动化、全数字化、高精度的显著优势逐步取代了传统的手工图解法测图的方法。

数字测图实质上是一种全解析机助测图方法，在地形测绘发展过程中它是一次根本性的技术变革，这种变革主要体现在：手工图解法测图的最终目的是地形图，图纸是地形信息的唯一载体；数字测图地形信息的载体是计算机的存储介质（磁盘或光盘），其提交的成果是可供计算机处理、远距离传输、多方共享的数字地形图数据文件，通过数控绘图仪可输出数字地形图。另外，利用数字地图可以生成电子地图和数字地面模型，以数学描述和图像描述的数字地形表达方式，可实现对客观世界的三维描述。更具深远意义的是：数字地形信息作为地理空间数据的基本信息之一，已成为地理信息系统的重要组成部分。大比例尺数字地图可分为正射影像图（digital orthophoto map, DOM）、数字地面模型（DEM）、数字线划图（digital line graphic, DLG）和数字栅格图（digital raster graphic, DRG），即“4D”产品，一般经过逻辑与几何拼接处理后可以直接入库。

数字化成图是由制图自动化开始的。20 世纪 50 年代美国国防制图局开始研究制图自动化问题，这一研究同时推动了制图自动化配套设备的研制和开发。20 世纪 70 年代初，制图自动化已形成规模，美国、加拿大及欧洲各国在相关重要部门都建立了自动制图系统。当时的自动制图系统主要包括数字化仪、扫描仪、计算机及显示系统四个部分。其成图过程是：将地形图数字化，再由绘图仪在透明塑料片上回放地形图，并与原始地形图叠置以修正错误。现在，地图数字化已经成为极为普通的数字化和自动成图的方法。

在 20 世纪 80 年代，摄影测量经历了模拟法、解析法，发展为今天的数字摄影测量。数字摄影测量把摄影所获得的影像进行航片扫描得到数字化影像，由计算机进行处理，从而提供数字地形图或专用地形图、数字地面模型等各种数字化产品。

大比例尺地面数字测图是 20 世纪 70 年代电子速测仪（电磁波测距仪或光电测距仪）问世后发展起来的，80 年代初全站型电子速测仪的迅猛发展加速了数字测图的研究和应用。我国从 1983 年开始开展数字测图的研究工作。目前，数字测图技术在国内已趋成熟，它已作为主要的成图方法取代了传统的手工图解法测图。其发展过程大体上可分为两个阶段。

第一阶段主要利用全站仪采集数据，电子手簿记录，同时人工绘制标注测点点号的草图，到室内将测量数据直接由记录器传输到计算机，再由人工按草图编辑图形文件，并输入计算机自动成图，经人机交互编辑修改，最终生成数字地形图，由绘图仪绘制地形图。从数字发展的初级阶段，人们看到了数字测图自动成图的美好前景。

第二阶段仍采用野外测记模式，但成图软件有了实质性的进展。一是开发了智能化的外业数据采集软件；二是计算机成图软件能直接对接收的地形信息数据进行处理。目前，国内利用全站仪配合便携式计算机或掌上电脑，以及直接利用全站仪进行大比例尺地面测图的方法已得到了广泛应用。

20 世纪 90 年代出现了 GPS 区域差分技术，又称 GPS-RTK(real time kinematic)实时动态定位技术，这种测量模式是位于基准站(已知的基准点)的 GPS 接收机通过数据链将其观测值及基准站坐标信息一起发给流动站的 GPS 接收机，流动站不仅接收来自参考站的数据，还直接接收 GPS 卫星发射的观测数据，从而组成相位差分观测值进行实时处理，能够实时提供测点在指定坐标系的三维坐标成果，在 20 km 测程内可达到厘米级的测量精度。实时差分观测时间短，并能实时给出定位坐标。可以预料，随着 RTK 技术的不断完善和更轻小型、价格更低廉的 RTK 模式 GPS 接收机的出现，GPS 数字测图系统将在开阔地区成为地面数字测图的主要方法。

**(二)数字测图的展望**

目前，要在我国全面实现数字测图还有许多困难，主要问题是资金问题、人才问题和观念问题，而不是技术问题。进口仪器(全站仪和自动绘图仪等)价格昂贵，使测绘成本提高。我国测绘技术人员对传统测绘技术掌握较好，但由于缺少进修机会，很多测绘技术人员对数字测图技术很陌生，数字测图产品的使用与管理更缺乏人才。另外，在推广数字测图的过程中，一定要更新观念，应充分认识数字测图的优点。数字测图必须突破“图”的概念来理解数字信息，“图”只是在需要时由软件根据“数据”生成出来的一种产品形式。

今后数字测图软件的发展方向应该是一种无点号、无编码的镜站电子平板测图系统。测站上的仪器照准镜站反光镜后，自动将经处理的三维坐标形式的数据，用无线电传输进电子平板，并展点和注记高程。这种自动化测图系统，解决了当今困扰人们的编码困难和编码机内处理麻烦的问题，成为今后数字测图的主要系统。

## 职业能力训练

训练一：自己设计几种测量符号的“数字”存储形式，在 AutoCAD 软件中利用 AutoLISP 语言读出所设计的“数字”，绘制出对应的符号。

训练目标：通过训练，掌握 AutoCAD 软件绘制测量符号的方法，以及利用 AutoLISP 语言绘制测绘符号的方法。

操作提示：

(1)熟悉《国家基本比例尺地形图图式 第一部分：1∶500 1∶1 000 1∶2 000 地形图图式》(GB/T 20257.1—2007)。

(2)点状地物符号按照图式要求，可先制作成 AutoCAD 中的图块，再编写 AutoLISP 语言绘制测绘符号，对于带文字或数字注记的符号应制作成带属性的图块。特别注意，在定义图块时，一定要使用 wblock 命令，使所定义的图块以独立的图形文件形式存储。

(3)对于半依比例的线状地物符号，利用 AutoCAD 中的线型定义功能，生成的线型文件必须以 ASCII 格式保存，并使用 *.lin 文件扩展名存储。对于复杂线型可先利用 AutoCAD 中的形定义功能定义相应符号，再在线型规格说明中嵌入所定义的形符号。

(4)具体操作可参考 AutoCAD 帮助文件。

## 单元小结

本单元首先介绍了数字测图职业岗位，目的在于建立对课程设置的一个整体印象，了解学习该课程后对今后所从事的工作有何帮助，能从事什么样的职业岗位。本单元的重点是数字地图的基本概念和特点，数字测图工作的内容、方法和特点，同时应对数字测图的发展历程和未来发展趋势有一个较明晰的了解。

## 思考与练习题

1. 什么是数字测图？
2. 简述数字测图的基本成图过程。
3. 数字测图需解决哪些问题？
4. 数字测图工作有哪些特点？
5. 目前在我国数字测图工作领域中，数据采集方法主要有哪几种？
6. 试述大比例尺地图的定义。
7. 简述数字测图与地理信息系统的关系。
8. 学习数字测图必须具备哪些基础知识？
9. 试概述数字测图的发展现状。

# 单元二　数字测图测前准备

[单元概述]

本单元主要介绍了数字测图系统软、硬件的基本知识，常用数字测图软、硬件的特点及操作方法，数字测图的常用作业模式等，旨在培养能根据测区的特点选择相应的软、硬件及作业模式的能力。

[学习目标]

通过本单元的学习，应熟练掌握全站仪的基本操作方法、数字测图软件的操作方法，掌握每种作业模式、作业流程及其特点，同时能熟练运用全站仪进行角度、距离和坐标测量。

## 任务一　数字测图常用仪器设备

数字测图系统的硬件主要由全站仪、GPS-RTK、计算机(台式计算机、笔记本电脑或掌上电脑即 PDA)、绘图仪、扫描仪，以及其他输入与输出设备等组成，如图 2-1 所示。

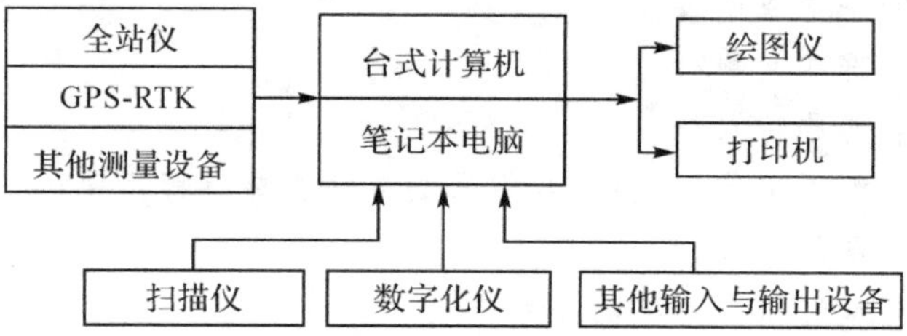


图 2-1　数字测图硬件系统示意图

### 一、计算机硬件

冯·诺依曼(Jhon von Neumann)体系结构包括控制器、运算器、存储器、输入设备、输出设备，如图 2-2 所示。微型计算机的主机组成：CPU、主存储器、系统总线、输入与输出接口电

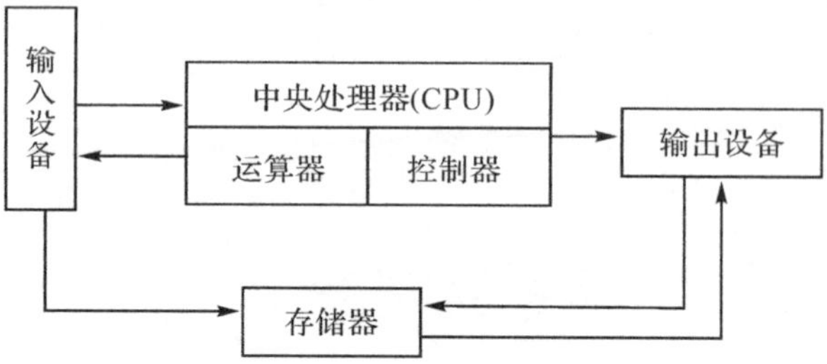


图 2-2　计算机的基本结构

路。存储器系统的组成:主存储器、辅助存储器、高速缓冲存储器。主要外部设备:鼠标、键盘、显示器、打印机、软磁盘(驱动器)、硬磁盘(驱动器)、光盘(驱动器)。

**(一)中央处理器**

计算机中将运算器和控制器做在一个芯片上,这个芯片就是中央处理器(central processing unit,CPU),也叫做微处理器。运算器的主要功能是对数据进行各种运算;控制器是整个计算机系统的控制中心,它指挥计算机各部分协调地工作,保证计算机按照预先规定的目标和步骤有条不紊地进行操作及处理。CPU 作为计算机的核心,是信息加工处理的中心部件,它的运算速度和处理能力决定了计算机硬件的运算速度和处理能力。

**(二)存储器**

存储器和 CPU 一起构成了微型计算机的主机部分。存储器用来存放计算机的程序和数据,并根据 CPU 的控制指令将这些程序或数据提供给计算机使用,一般分为内存储器即主存(main memory)和外存储器。

内存储器在一个计算机系统中起着非常重要的作用,它的工作速度和存储容量对系统的整体性能、对系统所能解决的问题的规模和效率都有很大的影响。容量和访问速度是内存储器的重要性能指标。目前,PC 机的主流配置的内存容量一般为 256～512MB。一般计算机主板都有多个内存扩展槽,可根据需要增加内存条,以增加容量。内存速度用进行一次读或写操作所花费的"访问时间"来描述。目前,一次存储器"访问时间"大约在几个纳秒(十亿分之一秒)之间。内存储器从使用功能上分,有随机存储器 (random access memory,RAM),又称读写存储器,以及只读存储器(read only memory,ROM)。

**(三)总线**

计算机中的各个部件,包括 CPU、内存储器、外存储器和输入与输出设备的接口之间是通过一条公共信息通路连接起来的,这条信息通路称为总线。微型计算机硬件结构的最重要特点是总线(bus)结构。它将信号线分成三大类,并归结为数据总线(date bus)、地址总线(address bus)和控制总线(control bus)。这样就很适合计算机部件的模块化生产,促进了微型计算机的普及。微型计算机的总线化硬件结构如图 2-3 所示。

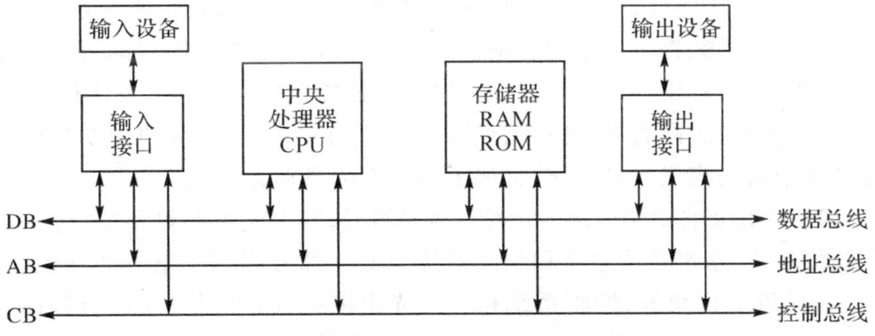


图 2-3　微型计算机总线化硬件结构

**(四)外部设备**

计算机的外部设备包括输入设备、输出设备、外部存储设备,以及其他专用的外围设备。通常把输入设备和输出设备合称为 I/O 设备(输入与输出设备)。

1. 输入设备

输入设备(input device)是指用来向计算机输入各种原始数据和程序的设备。输入设备把各种形式的信息,如数字、文字、图像等转换为数字形式的“编码”,即计算机能够识别的用 1 和 0 表示的二进制代码(实际上是电信号),并把它们“输入”(input)到计算机内存储起来。常用的输入设备有键盘、鼠标、图形输入板、数字化仪、扫描仪、视频摄像机等。此外,常用的输入装置还有手写板、语音录入设备等。

2. 输出设备

常见的输出设备包括显示器、数据投影器、打印机、绘图仪等。

3. 外部存储器

通常,计算机系统中的内存容量总是有限的,远远不能满足存放数据的需要,而且内存不能长期保存信息,一关电源信息就会全部丢失。因此,一般的计算机系统都要配备更大容量且能长期保存数据的存储器,这就是外部存储器。常见外部存储器包括软磁盘存储器、硬磁盘存储器、光盘存储器和 U 盘。

## 二、全站型电子速测仪

全站型电子速测仪(electronic total station),因一次安置仪器就可完成该测站上全部测量工作,所以称之为全站仪。全站仪是随着电子技术、光电测距技术及计算机技术的发展而产生的集光、机、电为一体的新型测量仪器,是集水平角、垂直角、距离(斜距、平距)、高差测量功能于一体的测绘仪器系统。

全站仪由电子经纬仪、光电(主要为红外线与激光)测距、电子微处理器及数据自动记录装置等部分构成。1968 年,原西德奥普托(OPTON)厂将电子经纬仪和电磁波测距仪设计于一体,研制出世界上第一台全站仪——Reg Elta14 全站仪。该仪器相对于现在使用的全站仪来说,确实是有点落后,它采用砷化镓发光二极管为光源,使用 7 块棱镜时的测程可达 1～2 km,测距精度为±(5 mm+5 ppm · $D$)(ppm 表示百万分之一,$D$ 为实测距离,单位千米),测角精度为±3″,利用数码管显示,纸带穿孔数据记录,体积较大,重量达 28 kg。现在使用的全站仪仍然沿用了第一台全站仪的设计理念,只是在仪器的外形、结构、体积、重量等方面进行了较大的改进,在功能上进行了完善。现在的全站仪除了能完成一测站上的观测、显示、记录储存水平角、竖直角、水平距离、斜距、高差、高程、坐标以外,还能完成其他的测量计算工作,如施工放样、后方交会、对边测量、悬高测量、面积测算等一系列的测量工作,有的全站仪还能自动寻找目标,按设置的要求自动完成测量工作,实现了测站上的自动化。

全站仪的组成原理如图 2-4 所示。图中左半部分是四大光电测量系统,包括水平角测量系统、竖直角测量系统、水平补偿系统和测距系统。前三部分相当于电子经纬仪,可以测量水平角、竖直角,并设置方位角等;测距系统相当于光电测距仪,可测量仪器与目标点之间的斜距,并自动计算平距和高差。测量部分的测量结果通过总线传递至数字处理机的微处理器进行数据处理,如图 2-4 的右半部分所示。数字处理机由微处理器(CPU)、存储器、输入与输出(I/O)设备组成,是全站仪进行数据处理的核心部件。其主要功能是根据键盘指令启动仪器进行测量,并执行测量过程的检核和数据传输、处理、显示及存储等工作。输入与输出部分包括键盘、显示器及数据接口。通过键盘可输入操作指令、数据并进行参数设置;显示器则可以显示当前仪器状态、工作模式、测量数据及运算结果;数据接口使全站仪可以同磁卡、磁盘、微机等外部设备相互通信,进行数据交换。

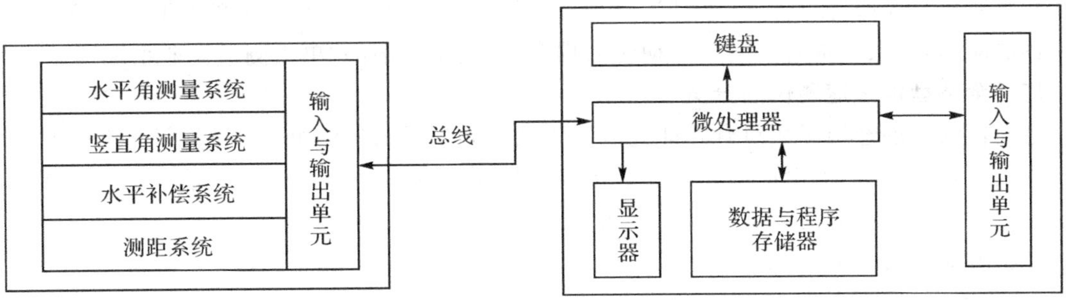


图 2-4 全站仪的组成原理

近年来,全站仪的发展异常迅猛,以至于从某种意义上来说,改变了测量工作的作业习惯和方式,也拓展了测量技术的一些概念和手段,使全站仪的应用前景更加广阔。在数字测图中,全站仪是野外数据采集的重要仪器设备。

**(一)全站型电子速测仪的特性**

目前最新推出的全站仪一般都具备如下一些功能和特性。

1. 自检与改正功能

目前的全站仪在轴系关系方面与以往的光学经纬仪没有本质区别,但是由于全站仪的自检功能和软件功能的完善,在一定的误差范围内,仪器可以将改正后的轴系残留误差通过软件加以改正,从而使观测得到的结果是在正确的轴系关系条件下的观测结果。因此,仅就这点来说,全站仪工作的稳定性和精度的可靠性较光学经纬仪要高。

2. 大容量内存

现在几乎所有新生产的全站仪都内置了内部存储器,而且容量越来越大,从以前只存储几百个点的坐标数据或测量数据,发展到现在的储存上万个点的坐标数据或观测数据,有的全站仪内存已经达到了数十兆,还有增大的趋势。现在对全站仪来说,再配备一个电子手簿已经是多余了。

3. 双向传输功能

全站仪与计算机之间的通信,不仅可以把全站仪内存中的数据文件传送到计算机,还可以从计算机中将坐标数据文件和编码库数据或程序传送到全站仪的内存中,或由计算机实时控制全站仪的工作状态,也可以在不更换全站仪任何元件的条件下,对全站仪内的软件进行升级,以拓展其功能。

4. 程序化

程序化是在全站仪的内存中存储了一些常用的测量作业程序,如对边测量、悬高测量、后方交会、面积测量、偏心测量等,有的还有导线测量、方向高程传递等,操作者按照仪器的设定进行观测,即可以现场给出结果,有的还内置了程序设计软件如 GeoBASIC、徕卡(Leica)的 TPS 系列和 TCA 测量机器人系列等,用户可以根据自己的需要开发相应的应用程序,从而极大地提高了作业效率。

5. 智能化

为了提高作业效率,现今不断推出了一系列智能型的全站仪(测量机器人),如徕卡(Leica)公司的带目标自动识别与伺服马达驱动、镜站遥控功能(RCS1100)的 TPS 系列(如

1100 PowerSearch 型)和 TCA 系列(如 TCA2003 或 TCA1800、2000 型),TOPCON 公司的带光学双路通信自动跟踪目标、伺服马达驱动及光学遥控器 RC-2Ⅱ等功能的 GTS-810A 型。这些仪器的应用,极大地提高了测量自动化的程度,实现了所谓的"单机测量作业系统"。

**(二)全站型电子速测仪的分类**

全站仪的发展经历了从组合式即光电测距仪与光学经纬仪的组合或光电测距仪与电子经纬仪的组合,到将光电测距仪的光波发射接收系统的光轴和经纬仪的视准轴组合为同轴的整体式等几个阶段。不同的全站仪可分类如下。

1. 按外观结构分类

(1)积木型(modular),又称组合式。

早期的全站仪,大都是积木型结构,即电子速测仪、电子经纬仪、电子记录器各是一个整体,可以分离使用,也可以通过电缆或接口把它们组合起来,形成完整的全站仪。这种仪器的优点是由系统的现有构件组成,还可通过不同构件进行灵活多样的组合。当个别构件损坏时,可以用其他构件代替,具有很强的灵活性,价格相对而言比较便宜。这种组合式的速测仪(如图 2-5 所示)在我国 20 世纪 80 年代末至 90 年代的一些测绘单位使用比较普遍,现在基本上被淘汰。

(2)整体式(integral)。

随着电子测距仪进一步的轻巧化,现代的全站仪大都把测距、测角和记录单元在光学、机械等方面设计成一个不可分割的整体,即将电子经纬仪、红外测距和电子微处理器及储存设备集于一体。这种仪器的优点是电子经纬仪和红外测距仪使用共同的光学望远镜,方向和距离测量只需瞄准一次。目前,整体式全站仪一般都具有双轴自动补偿功能(补偿范围一般为 3′),并且都带有内存,再不需要另外使用电子手簿记录来储存测量数据,使得操作十分方便。一些型号的全站仪还带有伺服马达,能自动跟踪和识别目标,自动完成测量工作,自动化程度高(此类全站仪通常称为测量机器人),测量机器人代表着全站仪的发展方向,未来将会成为主流。现在全站仪已有几十种型号,精度指标齐全,如图 2-6 所示。

图 2-5 组合式电子速测仪

图 2-6 整体式全站仪

2. 按测量功能分类

(1)经典型全站仪(classical total station)。

经典型全站仪也称为常规全站仪,它具备全站仪电子测角、电子测距和数据自动记录等基本功能,有的还可以运行厂家或用户自主开发的机载测量程序。其经典代表为徕卡公司的 TC 系列全站仪,如图 2-7 所示。

(2)机动型全站仪(motorized total station)。

在经典全站仪的基础上安装轴系步进电机,可自动驱动全站仪照准部和望远镜的旋转。在计算机的在线控制下,机动型系列全站仪可按计算机给定的方向值自动照准目标,并可实现自动正、倒镜测量。徕卡 TCM 系列全站仪就是典型的机动型全站仪。

(3)无合作目标型全站仪(reflectorless total station)。

无合作目标型全站仪是指在无反射棱镜的条件下,可对一般的目标直接测距的全站仪。因此,对不便安置反射棱镜的目标进行测量时,无合作目标型全站仪具有明显的优势。例如,徕卡 TCR 系列全站仪,无合作目标距离测程可达 200 m,可广泛用于地籍测量、房产测量和施工测量等。

(4)智能型全站仪(robotic total station)。

在机动化全站仪的基础上,安装了自动目标识别与照准的新功能,因而在自动化的进程中进一步克服了需要人工照准目标的重大缺陷,实现了全站仪的智能化。在相关软件的控制下,智能型全站仪在无人干预的条件下可自动完成多个目标的识别、照准与测量,因此,智能型全站仪又称为"测量机器人",典型的代表有徕卡的 TCA 型全站仪等,如图 2-8 所示。

图 2-7　TCRP 全站仪

图 2-8　TCA2003 型全站仪

3. 按测距仪测距分类

(1)短距离测距全站仪。

测程小于 3 km,一般精度为±(5 mm+5 ppm),主要用于普通测量和城市测量。

(2)中测程全站仪。

测程为 3～15 km,一般精度为±(5 mm+2 ppm)或±(2 mm+2 ppm),通常用于一般等级的控制测量。

(3)长测程全站仪。

测程大于 15 km,一般精度为±(5 mm+1ppm),通常用于国家三角网及特级导线的测量。

**(三)全站仪测角**

全站仪具有角度测量、距离(斜距、平距、高差)测量、三维坐标测量、导线测量、交会定点测量和放样测量等多种用途。内置专用软件后,功能还可进一步拓展。

全站仪的测角是由仪器内集成的电子经纬仪完成的。电子经纬仪的测角与光学经纬仪类似,主要不同在于电子经纬仪采用光电扫描度盘自动计数、自动数据处理、自动显示、储存并输出数据。在全站仪的内部还设置安装了一个微处理器,由它来控制电子测角、测距及各项固定参数如温度、气压等信息的输入、输出,以及进行观测误差的改正、有关数据的实时处理等。

目前，电子经纬仪的测角系统主要有三类，即绝对式编码度盘测角、增量式光栅度盘测角及动态式(编码、光栅度盘)测角。

**(四)全站仪的测距**

目前，全站仪内置的测距仪大都采用相位式红外测距仪。短程的全站仪的测距频率一般采用分散的直接测距频率方式。而长测程的全站仪则均采用集中的间接测距频率方式，即用组合的方式解析得到一组间接测距频率，以便扩大确定整波数 $N$ 的范围。三频率测量原理是采用分散的直接测距频率和集中的间接测距频率的组合——混合测距频率方式。

测距时照准目标棱镜中心，按测距键，距离测量开始，测距完成时显示斜距、平距、高差。全站仪的测距模式有精测模式、跟踪模式、粗测模式三种。精测模式是最常用的测距模式，测量时间约 2.5 s，最小显示单位 1 mm；跟踪模式常用于跟踪移动目标或放样时连续测距，最小显示一般为 1 cm，每次测距时间约 0.3 s；粗测模式的测量时间约 0.7 s，最小显示单位 1 cm 或 1 mm。在距离测量或坐标测量时，可按 MODE 键选择不同的测距模式。

**(五)全站仪的数据通信**

所谓全站仪的数据通信是指全站仪与计算机或 PDA 之间经通信线路而进行的双向数据交换。

目前全站仪与计算机之间的数据通信的方式主要有两种。一种是利用全站仪的通信接口，通过通信电缆直接将全站仪内存中的数据文件传送到计算机，也可以从计算机将坐标数据文件和编码库数据直接装入全站仪的内存中，即用数据传输线一端连接计算机 COM1(或 COM2)插口，另一端连接全站仪数据通信口。另一种是利用全站仪配置的 PC 卡(也称存储卡)进行数字通信，特点是通用性强，各种电子产品间均可互换使用。

全站仪与计算机通信时，为了实现全站仪与计算机之间的正常通信，全站仪与计算机两端的通信参数设置必须一致。通信参数的设置一般包括以下几项(各仪器说明书中都有具体的规定)。

1. 波特率

波特率是指每秒数据传送的位数(bit)，是衡量传输通道频宽的指标，用位/秒(bit/s)表示，即每秒钟传输数据的位数。例如，若数据传送的速度为 480 个字符/s，而每个字符又包含 10 位(起始位 1 位，数据位 7 位，校验位 1 位，停止位 1 位)，则波特率为 4 800 bit/s。常见的波特率有 300 bit/s、600 bit/s、1 200 bit/s、1 800 bit/s、2 400 bit/s、4 800 bit/s、9 600 bit/s 和 19 200 bit/s等，全站仪中多采用 1 200 bit/s 以上的波特率。

2. 数据位

数据位是指单向传输数据的位数，数据代码通常使用 ASCII 码，一般用 7 位或 8 位。

3. 校验位

数据通信中，数据信号难免会遇到各种干扰。因此，发送单元发出的信息到了接收单元可能就会出现差错，尽管其出现差错的可能性很小。但一旦出现差错，所产生的影响则可能是巨大的。既然无法避免传输的差错，就得设法检测出这种差错，从而克服它们。

校验位，又称奇偶校验位，是指数据传输时接在每个 7 位二进制数据信息后面发送的第 8 位。它是一种检查传输数据正确与否的方法，即将 1 个二进制数(校验位)加到发送的二进制信息串后，让所有二进制数(包含校验位)的总和总保持是奇数或偶数，以便在接收单元检核传输的数据是否有误。校验位通常有 5 种校验方式。

(1)无校验(NONE):这种方式规定发送数据信息时,不使用校验位。这样就使原来校验位所占用的第 8 位成为可选用的位。这种方法通常用来传送 8 位二进制数(而不是 7 位 ASCII 码数据)组成的数据信息。这时,数据信息就占用了原来校验位使用的位置。

(2)偶校验(EVEN):这是一种最常用的方法,它规定校验位的值与前面所传输的二进制数据信息有关,并且应使校验位和 7 位二进制数据信息中"1"的总和总为偶数。换言之,如果二进制数据信息中"1"的总数是偶数,则校验位为"0";如果二进制数据信息中"1"的总数是奇数,则校验位是"1"。

(3)奇校验(ODD):这种方法规定校验位的值与它所伴随的二进制数据信息有关,并且应使校验位和 7 位二进制数据信息中"1"的总和总为奇数。也就是说,如果数据信息中所有的二进制数"1"的总数是偶数,则校验位为"1";如果所有二进制数"1"的总数是奇数,则校验位是"0"。

(4)标记校验(MARK):这种方法规定校验位总是二进制数"1",而与所传输的数据信息无关。因此,这种方式下二进制数"1"仅仅是简单地填补了这个位置,并不能校验数据传输正确与否,它的存在并无实际意义。

(5)空号校验(SPACE):这种方法规定校验位总是二进制数"0",它也只是简单地填补位置,虽有校验位存在,但并不用来作传送质量的检验,其存在也无实际意义。

在全站仪的通信中,一般采用前 3 种校验方式,占 1 位,用 N、E 或 O 表示(分别代表 NONE、EVEN 和 ODD)。

例如,若规定数据校验方式为奇校验,则字母 A 和数字 4 的数据信息应表示为 11000001 和 00110100。

4. 停止位

在校验位之后再设置 1～2 位停止位,用来表示传输字符的结束。"CR LF"或"CR"是 Leica 全站仪数据传输时发送给计算机的停止信息。标准结束符 CR LF 表示回车及换行,CR 表示回车,由用户从全站仪下载数据时设置。

有的全站仪还规定了自己的发送与接收端间的应答信息。接收端没有发出请求发送的信息,全站仪送出的数据接收端不会接收,以确保数据传输的正确性和完整性。只有全站仪与计算机(或其他设备如 PDA 等)两端设置的参数一致,才能实现正确的通信。

在目前的数字测图系统中,一般都将各个厂家生产的常用全站仪(如 Leica、TOPCON、SOKKIA、PENTAX、Nikon、南方等系列)按设定的参数条件编制了相应的接口程序,并写入菜单中,用户使用时只要根据自己的全站仪型号选择即可,也可以通过厂家提供的通信程序或用户自己编制的通信程序进行数据通信。主要厂商的全站仪系列通信接口及参数设置见表 2-1。

**(六)全站仪的操作使用**

全站仪是一种价格较昂贵的精密光电仪器,使用操作不当会导致仪器损坏或者观测数据出错与数据丢失。因此,使用全站仪时必须严格遵循其操作规程,正确熟练地进行仪器操作。

(1)仪器应由专人使用、保管。迁站、装箱时只能握住仪器的支架,而不能握住镜筒,以免对仪器造成损伤,影响观测精度。

(2)日光下测量应避免将物镜直接瞄准太阳,若在太阳下作业应安装滤光器。

(3)避免在高温和低温下存放仪器,也应避免温度骤变(使用时气温变化除外)。在高温天气作业时,必须撑伞,否则仪器内部温度容易升到 60℃～70℃,从而缩短仪器的使用寿命。

**表 2-1 主要厂商的全站仪系列通信接口及参数设置表**

| 厂商 | Leica | TOPCON | SOKKIA | PENTAX | 南方 |
|---|---|---|---|---|---|
| 接口 | 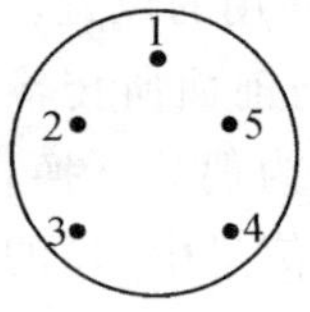 | 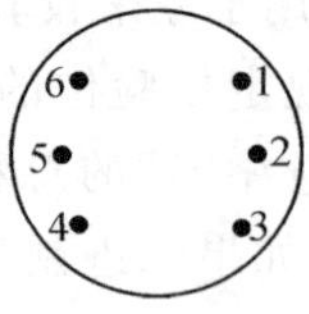 | 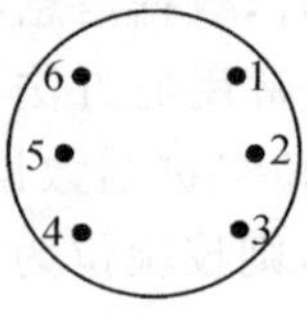 | 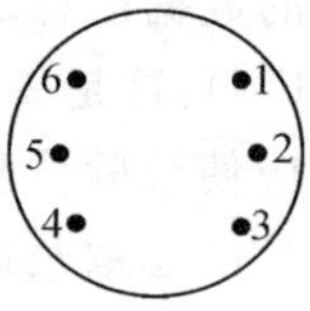 | 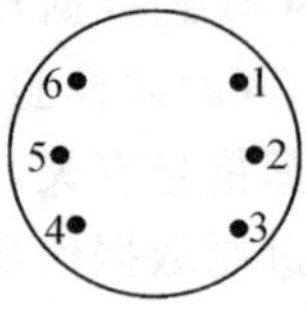 |
| 针脚定义 | 1 电源(VDC)<br>2 空(N. U)<br>3 信号地(GND)<br>4 接收(RXD)<br>5 发送(TXD) | 1 信号地(GND)<br>2 空(N. U)<br>3 发送(TXD)<br>4 接收(RXD)<br>5 请求发送(CTS)<br>6 电源(VDC) | 1 信号地(GND)<br>2 空(N. U)<br>3 发送(TXD)<br>4 接收(RXD)<br>5 请求发送(CTS)<br>6 电源(VDC) | 1 发送(TXD)<br>2 接收(RXD)<br>3 请求发送(RTS)<br>4 允许发送(CTS)<br>5 信号地(GND)<br>6 空(N. U) | 1 信号地(GND)<br>2 空(N. U)<br>3 发送(TXD)<br>4 接收(RXD)<br>5 请求发送(CTS)<br>6 电源(VDC) |
| 可选波特率/(bit/s) | 110、300、600、1 200、2 400、4 800、9 600 | 1 200、2 400、4 800、9 600 | 1 200、2 400、4 800、9 600 | 1 200、2 400、4 800、9 600 | 1 200、2 400、4 800 |
| 数据位 | 7 位二进制 | 7 位二进制 | 8 位二进制 | 7 位二进制 | 7 位二进制 |
| 校验位 | N 或 E 或 O | E | N | N | N |
| 停止位 | CR LF 或 CR | 1 | 1 | 1 | 1 |

(4)仪器不使用时,应将其装入箱内,置于干燥处,注意防震、防尘和防潮。

(5)若仪器工作处的温度与存放处的温度差异太大,应先将仪器留在箱内,直至它适应环境温度后再使用仪器。

(6)仪器长期不使用时,应将仪器上的电池卸下分开存放。电池应每月充电一次。

(7)仪器运输应将仪器装于箱内进行,运输时应小心避免挤压、碰撞和剧烈震动,长途运输时最好在箱子周围使用软垫。

(8)仪器安装至三脚架或拆卸时,要一只手先握住仪器,以防仪器跌落。

(9)外露光学件需要清洁时,应用脱脂棉或镜头纸轻轻擦净,切不可用其他物品擦拭。

(10)仪器使用完毕后,用绒布或毛刷清除仪器表面灰尘。仪器被雨水淋湿后,切勿通电开机,应用干净软布擦干并在通风处放一段时间。

(11)作业前应仔细全面检查仪器,确信仪器各项指标、功能、电源、初始设置和改正参数均符合要求时再进行作业。

(12)即使发现仪器功能异常,非专业维修人员不可擅自拆开仪器,以免发生不必要的损坏。

(13)其他使用要点与光学经纬仪相同。

## 三、全球定位系统 GPS

全球定位系统 GPS(Global Positioning System)是军民两用的系统,提供两个等级的服务。美国政府为了加强其在全球导航市场的竞争力,目前关闭了 GPS 的 SA 干扰(根据需要随时打开),标准定位服务的定位精度双频工作时实际可提高到 20 m(打开 SA 干扰定位精度可能大于 100 m)、授时精度提高到 40 ns,以此抑制其他国家建立与其平行的系统,并提倡以

GPS和美国政府的增强系统作为国际使用的标准。GPS主要有六大特点：第一，全天候、受天气影响较小；第二，全球覆盖（高达98%）；第三，三维定速、定时，高精度；第四，快速、省时、高效率；第五，应用广泛、多功能；第六，可移动定位。

GPS定位技术作为近代迅速发展起来的卫星定位技术，在国内外获得了日益广泛的应用。随着GPS的不断改进，硬、软件的不断完善，其应用领域正在不断开拓、扩大，目前已遍及国民经济各部门并开始逐步深入人们的日常生活，成为构建"数字地球"的框架。

**(一)GPS系统的组成**

GPS计划始于1973年，已于1994年进入完全运行状态。GPS作为美国建立的一个卫星导航定位系统，利用该系统，用户可以在全球范围内实现全天候、连续、实时的三维导航定位和测速。另外，利用该系统，用户还能够进行高精度的时间传递和高精度的精密定位。

GPS的整个系统由空间卫星部分、地面监控部分和用户设备部分所组成。

*1. 空间卫星部分——GPS卫星星座*

GPS的空间部分由24颗GPS工作卫星所组成，这些GPS工作卫星共同组成了GPS卫星星座。其中，21颗为可用于导航的工作卫星，3颗为活动的备用卫星。这24颗卫星分布在6个倾角为55°的轨道面上绕地球运行。每个轨道平面内各颗卫星之间的升交角角距相差90°，轨道平面上的卫星比西边相邻轨道平面上的相应卫星超前30°。卫星距地球约20 200 km，卫星的运行周期为1小时58分。位于地平线以上的卫星颗数随着时间和地点的不同而有所不同，这样的布网方案将保证地球上任何地点、任何时间都能同时观测到最少4颗卫星、最多11颗卫星；对于地面观测者来说，每天将提前4分钟见到同一颗GPS卫星。

每颗GPS工作卫星上装有4台高精度的原子钟（2台铯钟、2台铷钟）以提供高精度的时间标准。每颗GPS工作卫星都连续发出用于导航定位的信号，以导航电文提供自身的现时位置及其他卫星的概略位置，GPS用户正是利用这些信号来进行定位的。

*2. 地面监控部分——地面监控系统*

GPS的地面控制部分目前由1个主控站即科罗拉多斯普林斯(Colorado Springs)，3个注入站即阿森松群岛(Ascension)、迪戈加西亚岛(Diego Garcia)、夸贾林环礁(Kwajalein)，以及5个监控站即1个主控站、3个注入站、夏威夷(Hawaii)组成。主控站的作用是接收由各监控站对GPS卫星的观测数据，计算出卫星的星历和卫星钟的改正参数等，并将这些数据通过注入站注入到卫星中去；同时，它还对卫星进行控制，向卫星发布指令，当工作卫星出现故障时，调度备用卫星，替代失效的工作卫星进行工作；另外，主控站也具有监控站的功能。监控站的作用是接收卫星信号，监测卫星的工作状态。注入站的作用是将主控站计算出的卫星星历和卫星钟的改正数等注入到卫星中去。

*3. 用户设备部分——GPS信号接收机*

GPS的用户设备部分由GPS接收机、数据处理软件及相应的用户设备如计算机气象仪器等所组成。它的作用是接收GPS卫星发出的信号，并利用这些信号进行导航定位等工作。

**(二)GPS定位的基本原理**

与测量学中的距离交会确定点位的方法相似，GPS定位实质是利用空间后方交会来确定地面点的空间位置。

GPS卫星发射测距信号和导航电文，导航电文中含有卫星的位置信息。用户用GPS接收机在某一时刻同时接收3颗以上的GPS卫星信号，测量出测站点（接收天线中心）$P$到3颗以

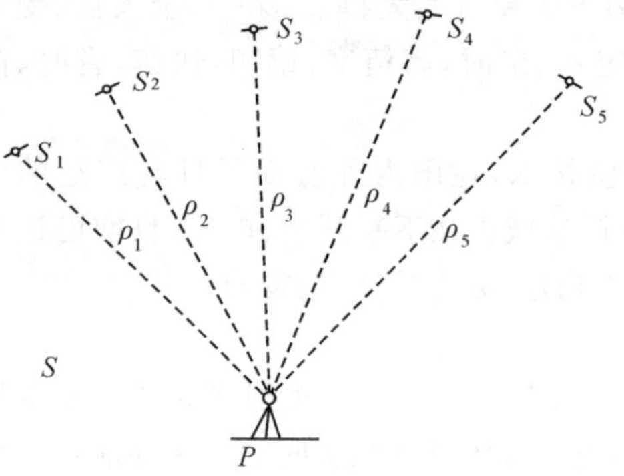


图 2-9　GPS 卫星定位原理

上 GPS 卫星的距离并解算出该时刻 GPS 卫星的空间坐标，据此利用距离交会法解算出 $P$ 点的位置。如图 2-9 所示，设在 $t_i$ 时刻在测站点 $P$ 用 GPS 接收机同时测得 $P$ 点至 4 颗以上 GPS 卫星 $S_i$ 的距离 $\rho_i$，通过 GPS 电文解译出该时刻这些 GPS 卫星的 3 维坐标为 $(X_j, Y_j, Z_j)$，$j=1,2,3,4,\cdots$

用距离交会的方法求解 $P$ 点的 3 维坐标 $(X,Y,Z)$ 的观测方程为

$$\rho_i^2=(X-X_i)^2+(Y-Y_i)^2+(Z-Z_i)^2 \quad (2\text{-}1)$$

由于在观测过程中存在卫星钟误差、接收机钟误差及 GPS 卫星信号在穿过电离层和对流层的延迟误差，故接收机所测定的距离 $\rho_i$ 就有误差，故称 $\rho_i$ 为伪距。顾及误差影响，式(2-1)的观测方程应改写为

$$\tilde{\rho}_i=\sqrt{(X-X_i)^2+(Y-Y_i)^2+(Z-Z_i)^2}-CV_{t_R}+CV_{t_i}^S-(V_{\text{icon}})_i-(V_{\text{trop}})_i \quad (2\text{-}2)$$

式中，$V_{t_R}$ 为观测瞬间接收机钟差改正数；$V_{t_i}^S$ 为第 $i$ 颗卫星的卫星钟在观测瞬间的钟改正数；$(V_{\text{icon}})_i$ 和 $(V_{\text{trop}})_i$ 分别为第 $i$ 颗卫星方向上的电离层延迟改正和对流层延迟改正。

在利用 GPS 定位中，通常把 $V_{t_R}$ 作为未知数一并求解，因此在确定 $P$ 点坐标时，用户必须同时观测至少 4 颗卫星，测得至少 4 个伪距。

依据测距的原理，GPS 定位可分为伪距定位、载波相位定位，以及差分定位等。

### (三)GPS 定位的方式和类型

GPS 定位方式，根据所采用的观测值可分为伪距定位和载波相位定位；根据定位的模式可分为绝对定位、相对定位和差分定位；根据接收机的运动状态可分为动态定位和静态定位；根据获取定位结果的时间可分为实时定位和后处理定位。

1. 伪距定位和载波相位定位

伪距定位所采用的观测值为 GPS 伪距观测值，所采用的伪距观测值既可以是 C/A 码伪距，也可以是 P 码伪距。伪距定位的优点是数据处理简单，对定位条件的要求低，不存在整周模糊度的问题，可以非常容易地实现实时定位。其缺点是观测值精度低，C/A 码伪距观测值的精度一般为 3 m，而 P 码伪距观测值的精度一般在 30 cm 左右，从而导致定位成果精度低；若采用精度较高的 P 码伪距观测值，还存在反电子欺骗政策(AS)的问题。

载波相位定位所采用的观测值为 GPS 的载波相位观测值，即 L1、L2 或它们的某种线性组合。其优点是观测值的精度高，分辨率可达到 2 mm 左右；缺点是数据处理过程复杂，存在整周模糊度的问题。载波相位定位广泛用于测绘等领域。

2. 绝对定位和相对定位

绝对定位又称为单点定位，这是一种采用一台接收机进行定位的模式，它所确定的是接收机天线的绝对坐标。其特点是作业方式简单，可以单机作业。绝对定位精度低，只有米级到数十米，一般用于导航和精度要求不高的应用中。

相对定位采用多台接收机，同时对一组相同的卫星进行观测，以确定接收机天线间的相互位置关系(基线向量)。其具有定位作业复杂，定位精度高等特点(可达厘米至亚毫米级)，广泛应用于高精度导航、测绘等。

3. 差分定位

差分定位是将一台 GPS 接收机安置在基准站上进行观测。根据基准站已知精密坐标，计算出基准站到卫星的坐标改正数（位置差分）或距离改正数（伪距差分），并由基准站实时地通过基准站与用户之间的数据链将这一改正数发送给用户站，用户接收机在进行 GPS 观测的同时，也接收到基准站的改正数，并据此对其定位结果进行改正，从而提高定位精度。

差分 GPS 可分为单基准站差分、具有多个基准站的局部区域差分和广域差分。单基准站差分系统结构和算法简单，技术上较为成熟，RTK 就是利用这一技术。其特点是速度快、定位精度高，几秒钟即可获得厘米级的精度。目前，差分 GPS 广泛应用于海上或江河湖泊中的定位、地形测量、线路测量、地籍测绘、加密控制等。

4. 动态定位和静态定位

动态定位，就是在进行 GPS 定位时，认为接收机的天线在整个观测过程中的位置是变化的。也就是说，在数据处理时，将接收机天线的位置作为一个随时间的改变而改变的量。动态定位又分为动态和准动态两类。其特点是作业效率高，定位结果的可靠性略低，主要用于工程施工放样、资源勘探、海洋测绘、航空摄影测量与遥感、GIS 数据采集、测图等。

静态定位，就是在进行 GPS 定位时，认为接收机的天线在整个观测过程中的位置是保持不变的。也就是说，在数据处理时，将接收机天线的位置作为一个不随时间的改变而改变的量。在测量中，静态定位一般用于高精度的测量定位，其具体观测模式是由多台接收机在不同的测站上进行静止同步观测，时间为几分钟、几小时甚至数十小时不等。静态定位具有定位精度高和可靠性高等特点，主要用于建立控制网、形变及变形监测等。

5. 实时定位和后处理定位

实时定位根据接收机观测到的数据，实时地解算出接收机天线所在的位置。其相对定位时需要专门的数据链，作业范围有一定限制，定位结果的可靠性略低，主要应用于导航、工程放样、资源勘探等。

后处理定位又称非实时定位，它是通过对接收机接收到的数据进行后处理以进行定位的方法，具有定位结果可靠性高的特点。

**（四）实时动态测量的作业模式与应用**

1. RTK 简介

实时动态（real time kinematic，RTK）测量技术，是基于载波相位观测量的实时差分 GPS 测量技术，它是 GPS 测量技术发展中的一个新突破。

RTK 基本思想是，将一台 GPS 接收机安置在基准站上，对所有可见的 GPS 卫星进行连续的观测，并将其观测数据，通过无线电传输设备，实时地发送给用户观测站；用户接收机在进行 GPS 观测的同时，也通过无线电接收设备，接收基准点传输的观测数据，然后根据相对定位的原理，实时地计算并显示用户站的三维坐标及其精度；通过实时计算的定位结果，结合可监测基准站与用户站观测成果的质量和解算结果的收敛情况，可实时地判断解算结果是否成功，从而减少冗余观测，缩短观测时间。

常规 GPS 测量，不论是静态还是动态测量都需要事后进行解算才能获得厘米级的精度，而 RTK 采用的是载波相位动态实时差分技术，能够在野外实时得到厘米级定位精度，是 GPS 应用发展的里程碑。

2. RTK 的作业模式

(1)快速静态测量。

此模式要求 GPS 接收机在每一测站上静止地进行观测,在观测过程中,连同收到的基准站的同步观测数据,实时地解算整周未知数和测站的三维坐标。如果解算结果的变化趋于稳定、精度满足要求,即结束观测。

采用此模式作业时,用户站的接收机在流动过程中,可以不必保持对 GPS 卫星的连续跟踪,其定位精度可达 1～2 cm,可应用于城市、矿山等区域性的控制测量、工程测量和地籍测量等。

(2)准动态测量。

准动态测量模式,要求流动的接收机在观测工作开始之前,在某一已知点上静止地进行观测,实时地进行初始化;初始化后,流动的接收机在每一观测点上,只需静止观测数组观测数据(历元),并连同基站的同步观测数据,实时解算观测点(流动站)的三维坐标。

采用此模式作业时,用户站的接收机在流动过程中,要保持对所观测的 GPS 卫星的连续跟踪,一旦失锁,要重新初始化。目前,其定位精度可达厘米级,主要应用于线路测量、数据测图、工程的施工放样和地籍测量等。

(3)动态测量。

动态测量,一般需在某一已知点上静止地进行观测数分钟,进行初始化工作;初始化后,运动的接收机按预定的采样时间间隔自动进行观测,并连同基站的同步观测数据,实时地确定采样点的位置。目前,其定位精度可达厘米级。

采用此模式作业时,也要求在观测过程中,保持对所观测的 GPS 卫星的连续跟踪,一旦失锁,要重新初始化。

3. RTK 在数字测图中的应用

采用 RTK 技术进行数字测图时,仅一人背着仪器在要测的碎部点上呆上 1～2 s 并同时输入特征编码,通过电子手簿或 PDA 与便携机进行记录,在点位精度合乎要求的情况下,把一个区域内的地形地物点位测定后,回到室内或在野外由专业的数字测图软件编绘出所要求的数字图。

利用 RTK 技术测定点位不需要点间通视,测定范围大、速度快、精度高(1～2 s 就可达到厘米级精度),仅一人就可以完成野外的数据采集工作,极大地提高了数字测图的效率。因此,RTK 已经成为了数字测图和 GIS 野外数据采集的主要手段之一。

## 任务二　常用数字测图软件

数字测图的软件系统包括计算机软件系统和数字测图软件系统,以及其他为数字测图服务的应用软件如图形、图像处理软件等。

### 一、计算机软件

完整的计算机系统包括硬件和软件两大部分。硬件是指计算机系统中的各种物理装置,包括控制器、运算器、内存储器、I/O 设备及外存储器等,它是计算机系统的物质基础。软件是相对于硬件而言的。从狭义的角度上讲,软件是指计算机运行所需的各种程序,而从广义的角度上讲，还包括手册、说明书和有关的资料。软件系统着重解决如何管理和使用机器的问题。没有硬件，谈不上应用计算机。但是，光有硬件而没有软件，计算机也不能工作。这正如乐团和乐谱的关系一样，如果只有乐器、演奏员这类"硬件"而没有"乐谱"这类软件，乐团就很难表演出动人的节目。所以，硬件和软件是相辅相承的。计算机软件是计算机硬件和使用者之间的接口。硬件在软件管理下才能正常工作，才能最有效地发挥其全部的处理功能。所以，软件的质量影响着计算机系统的总体性能。

人们通常把计算机软件分为"系统软件"和"应用软件"两大类。

**(一)系统软件**

系统软件是指管理、控制和维护计算机及其外部设备、提供用户与计算机之间界面等方面的软件。相对于应用软件而言，系统软件离计算机系统的硬件比较近，而离用户关心的问题则远一些，它们并不专门针对具体的应用问题。

系统软件包括操作系统和操作计算机所需的其他软件。操作系统是系统软件的核心，是所有计算机必须配置的基本软件，是计算机系统本身能有效工作的必备软件，所以称为系统软件。当计算机配置了操作系统后，用户不再直接对计算机硬件进行操作，可以不必了解计算机的内部结构、工作原理及其指令系统，而是利用操作系统所提供的命令和其他方面的服务去操作计算机。因此，操作系统是用户操作和使用计算机的强有力的工具，或者说是用户与计算机之间的接口。

操作系统本身又由许多程序组成。其中，有的管理磁盘，有的管理输入与输出，有的管理CPU、内存等。

操作系统软件的任务：管理计算机硬件资源并且管理其上的信息资源（程序和数据），此外还要支持计算机上各种软硬件之间的运行和相互通信。它在计算机系统中占有特殊的重要地位。计算机系统的硬件是在操作系统软件的控制下工作的，所有其他的软件，包括系统软件和大量的应用软件，都建立在操作系统基础之上，并得到它的支持和取得它的服务。如果没有操作系统的功能支持，就无法有效地操作计算机。因此，所有制造计算机的公司在出售计算机时总是同时提供操作系统软件。

目前在微机上常用的操作系统有 Windows 98、Windows NT、Windows 2000、Windows XP、Windows 2003 系列操作系统，Unix 操作系统（高端应用）和 Linux（免费软件）。

**(二)应用软件**

除系统软件以外的其他软件都可称为应用软件。应用软件一般是指那些能直接帮助个人或单位处理某种专门类型的数据或实现某一特定功能的各种各样的软件（或实用程序），如文字处理软件、计算机辅助设计软件、企业事业单位的信息管理软件、图形处理软件、网页设计制作软件、数字测图软件及游戏软件等。计算机的应用几乎已渗透到了各个领域，所以应用程序也是多种多样的。

应用软件是由软件开发商或软件的使用者自行开发的。计算机软件厂商对各类计算机都提供了多种编程语言。最常用的程序语言有 C＋＋、C、Visual C＋＋、Visual Basic、Visual Basic .NET、Pascal、汇编语言，以及各种数据库管理语言。简单的应用软件可以是一个短小的程序，如测量常用的坐标计算、坐标换算、导线近似平差计算等。复杂的应用软件则需要大量时间的研究及测试工作，产生的程序也相当庞大。

## 二、数字测图软件

数字测图软件是数字测图系统的重要组成部分。一个完整的数字测图系统软件应具备如下功能特点。

(1)具备数据(图形)采集、输入、数据处理、图形生成、图形编辑、图形输出等功能。

(2)要通用性强、稳定性好,图形界面直观、简洁,操作使用要符合测量人员的作业习惯。

(3)数字图中使用的注记、地物符号、制图规范及地物的编码等必须符合国家正在实行的标准。

(4)应包含多种作业模式,如“电子平板”模式、“测记法”模式、“编码成图法”模式等。

(5)应能识别主要仪器设备(全站仪)的数据格式,能直接与这些设备进行通信,并提供这些仪器设备的数据转换接口,以便与其他软件进行数据交换。

(6)成果的输出应标准、美观并符合规范要求。

现在国内测绘行业使用的数字测图软件较多。目前,使用比较集中的数字测图系统主要有以下几种。

### (一)南方 CASS 软件

南方 CASS 地形地籍成图软件是广州南方测绘仪器公司基于 AutoCAD 平台开发的 GIS 前端数据采集系统,主要应用于地形成图、地籍成图、工程测量应用三大领域。它全面面向 GIS,彻底打通了数字化成图系统与 GIS 的接口,使用骨架线实时编辑、简码用户化、GIS 无缝接口等先进技术。自 CASS 软件推出以来,在我国大部分地区已经成为主流的数字测图软件。CASS7.0 界面如图 2-10 所示。

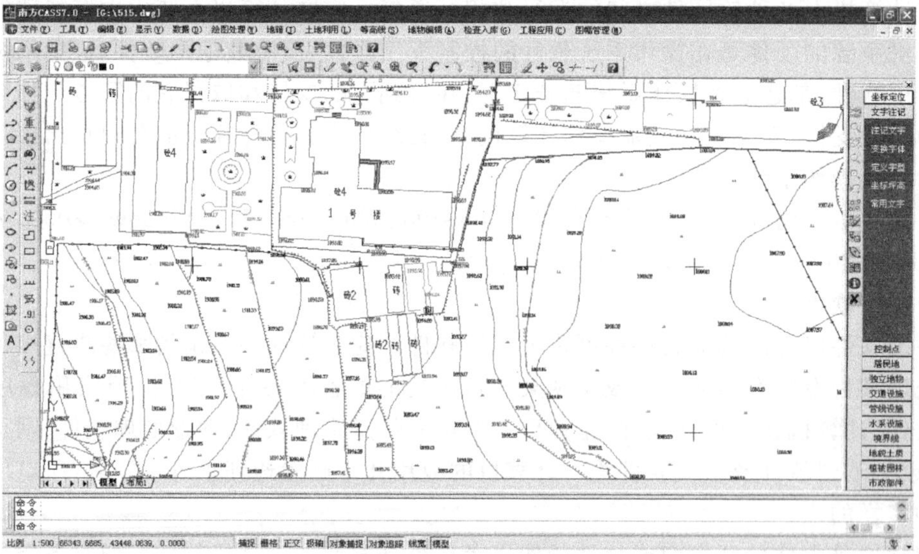


图 2-10 CASS7.0 界面

CASS7.0 版本相对于以前各版本除了平台、基本绘图功能上有了进一步提升之外,积极响应“金土工程”的要求,针对土地详查、土地勘测定界的需要开发了很多专业实用的工具,在空间数据建库的前端数据的质量检查和转换上提供了更灵活、更自动化的功能,特别适应当前 GIS 系统对基础空间数据的需要。

其技术特色如下。

(1)采用 CELL 技术的人机交互界面,数据编辑管理、系统设置更方便快捷。

(2)方便灵活的电子平板多测尺功能,更符合测量习惯。

(3)完全可视化的断面设计功能,图数互动,设计过程更直观。

(4)方便的图幅管理功能,地形图分幅管理更规范省心。

(5)数据质量全程控制,具有与主流 GIS 系统连接的无缝接口。

**(二)EPSW2003 全息测绘系统**

EPSW2003 全息测绘系统是集电子平板测图、掌上机测图、电子手簿、全站仪内存记录、动态 GPS 等多种测图方法及数据库管理、内业编辑、查询统计、打印出图、工程应用于一体的完全面向 GIS 的野外数据采集软件。EPSW 所采集的数据不仅符合国标图式规范的数字成图和专业制图的要求,同时满足 GIS 对基础地理数据信息化和地理信息的完整性、拓扑性、图属一致性等各项性能要求,以及系统的查询、统计、分析应用的需求。软件以国标规范为依据,实现信息化地理数据的采集与处理,功能包括多种数据采集模式;一步到位的实测方案,支持测站碎部坐标重算,控制和碎部测绘可同时进行;支持各种平面网高程网的智能平差;自动提取纵横断面数据并生成纵横断面;支持多种方法的土方计算;支持多义线、复合面,以及曲线桥、转弯楼梯等超复杂地物符号表示;支持三维显示和空间查询,快速 DTM(DEM)等。

系统主要特点如下。

(1)工程模板使数据生产得以标准化和规范化,保证大规模生产时各作业组作业规格一致。

(2)利用数据库存储技术,突破数据量瓶颈,可测绘任意面积。

(3)支持测站碎部坐标重算,控制与碎部测绘可同时进行。

(4)支持曲线桥、转弯楼梯等超复杂地物符号表示。

(5)支持多媒体属性,支持 OLE 链接与嵌入。

(6)支持三维显示和空间查询。

(7)数据能被 EPSW 系列软件直接调用,直接进入 SunwayGIS;经转换可进入其他 GIS 系统(ArcInfo、MapInfo、MapGIS、SuperMAP、Geostar、MGE 等)。

**(三)RDMS 数字测图系统**

RDMS(瑞得)数字测图系统是武汉瑞得信息工程有限责任公司开发的一套集数字采集、数据处理、图形编辑于一体的数字化测图系统,其具有灵活的数据采集方式、强大的图形及数据处理功能、图数合一的立体化操作、高效的事务性管理及多接口数据输出。

RDMS 系统目前已发行了 2 000 多套,广泛应用于城市规划、土地管理、水利、交通、地矿、房地产等部门,它不仅可以满足各种地形测量、地籍测量、房产测量、管线测量等,还可进行三维图形的显示漫游、土方工程计算等,其界面如图 2-11所示。

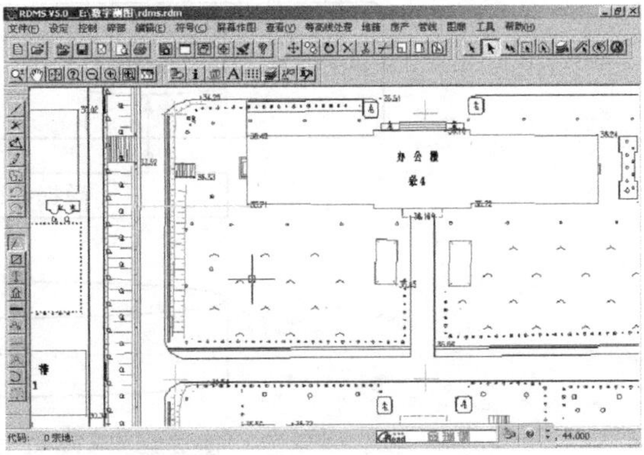

图 2-11　RDMS 数字测图系统

该系统主要特点如下。

(1)灵活多样的数据采集方式:电子

手簿作业、可移动式电子图板作业、直接读取全站仪内存数据成图；支持全站仪数据的多样化及其他方式采集数据；使用地面摄影、GPS等方式采集的数据成图。

(2)强大的图形及数据处理功能：全新的操作界面，支持多视图的编辑操作，多方式的窗口排列；菜单配合工具条、对话框，易学易用，无需记忆任何命令和操作；操作可视化、图数合一；符号库开放，支持动态属性连接、自动拓扑检查；在生成等高线时，可任意选择三维显示或二维平面显示；无需任何特殊处理，系统自动形成逼真的三维图形，并可自由地进行漫游、水面淹没等模拟操作。

(3)完备的事务处理功能：标准数据交换，开放的数据接口，可进行地籍、房产及管线数据的自动处理。

(4)支持一体化的地类体系：地籍报表的输出支持一体化地类，可使用瑞得报表格式进行编辑和输出，也可直接导入到Excel表格中输出。

**(四)SV300 R2002数字制图软件**

SV300 R2002是威远图公司2003年推出的全新软件，采用最新的AutoCAD 2002i开发技术进行了全面升级，可与AutoCAD 2002无缝集成，继承了AutoCAD强大的绘图编辑功能，是数字测图的标准化软件。

SV300 R2002将地形测绘、地籍测绘、扫描矢量化等功能统一于一体；兼备土方计算、线路测设等工程量算功能，实现了大中比例尺地形图成图的全部规范要求，图式图例从1∶500到1∶1万，包括草图法、野外电子平板、扫描矢量化等成图方法。其系统结构如图2-12所示。整个系统将数据采集、地图的编辑加工、等高线生成、数据的存储、面向对象的符号实体进行了集成，并依据图式规范设计了文字注记工具，理想地实现了不同比例尺图形的变换、自动分幅，以及灵活的图廓定制和图廓外整饰。

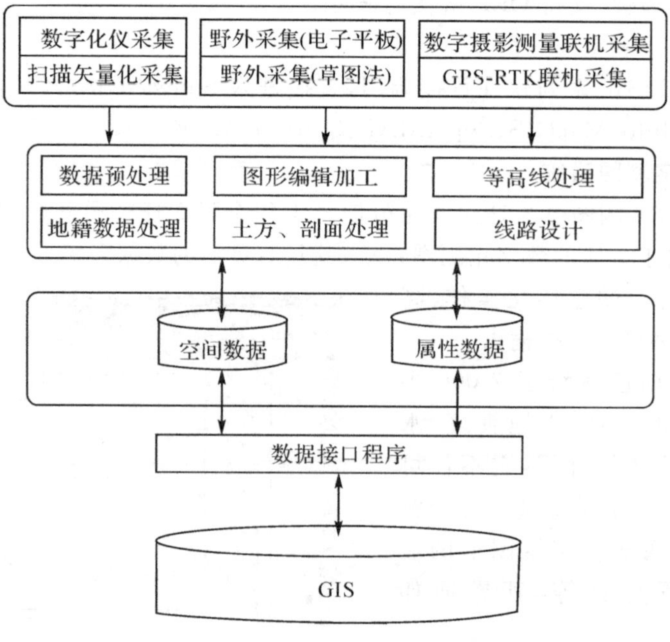


图2-12 SV300 R2002系统结构

该系统主要特性如下。

(1)采用最新的 ObjectARX、ObjectDBX SDK 技术。其中，ObjectDBX SDK 是 AutoCAD 2002i 中宿主程序(ACAD)、图形文件(DWG)、用户应用程序(ARX)和用户对象文件(DBX)之间的接口。SV300 R2002 应用这些技术，开发了从 1∶500 到 1∶1 万比例尺的国标地形图图式符号，增强了符号的可移植性和开放性。

(2)具有多种数据采集方式。

(3)提供 ASCII 格式的接口文件。其中包括了空间数据和属性数据及空间实体的连接关系。在此基础上，同时提供转换接口，可进行与主流数据的交换。

**(五)SCSG200X 多用途数字测绘与管理系统**

SCSG200X 多用途数字测绘与管理系统是广州开思测绘软件有限公司开发的测绘 CAD 软件系统，其突出表现是：把野外信息采集、成图与信息动态更新、入库有机地结合起来；在“数据”与“管理”这两个不可分割的研究主题中，首先打好“数据”的研究基础，再进入“管理”领域。

SCSG2004 是以 AutoCAD2004 作为基础环境进行二次开发的测绘专业 CAD。SCSG2004定位为“数据采集、更新、交换”的多用途数字测绘成图和入库系统。它面向的专业是通用的，包括地形、地籍、详查、管线、房产、工程放样等。其出发点是外业数字测绘成图，而成果是尽可能多地采集和生产信息，包括空间信息和属性信息。

该系统主要设计特点如下。

(1)在信息交换上，创造出符合国标的“二维编码体系”，满足了信息交换的需求。该编码体系不仅仅是一个分类码表(二维码前五位)，而且是一个去伪存真、由表及里，归纳、总结、精化的操作码表和识别码表(二维码后两位)。

(2)在采集手段上，该系统可连接各种硬件设备，包括电子手簿、全站仪内存或磁卡、掌上平板、遥控掌上平板、电子平板、遥控电子平板、数字化仪、扫描仪、摄影测量设备等；它把外业与内业、陆上与水上、数字化与矢量化、陆测与航测、矢量数据与栅格数据、二维与三维等所有采集方法统一起来，把地形、地籍、详查、房产、放样、工程、缩编、管理等功能集于一个平台之上，这就从生产工艺上解决了信息采集的外业与内业之间、不同专业之间统一和通用的问题。

(3)信息化处理上，可以记载、表达和修改地物特征信息、地物属性信息和扩展信息，并以集成的形式放在一个文件中。其中，扩展信息可以自定义种类和记录方式。

(4)专业内容结合上，地形图是基本数据，是人文景观数据的载体。负载管线数据，就表达了城市管线设施的分布和属性；负载地籍数据，就记载了土地分类和权属的内容；负载房产数据，就描述了房屋产权关系和分布。该系统还可快速形成城市立体景观图。其实现了基础与专业的结合、信息的完整记载、一图的多用和通用，是数据共享、资源多方应用和沿用的有效构建方法。

(5)数据交换上，该系统采用了数据分类(细分到图元)和数据定义(框架线、骨架线、轴线、标识点和线)的新做法，以及扩展属性的自定义，从而方便其与各类信息系统(如 ArcInfo 等)进行互逆和无损的数据交换。

该系统主要操作特点如下。

(1)智能化的操作命令，包括连续“图”操作记忆菜单、集成化的操作命令(通用工具箱)。

(2)图形图像平差(拼装七巧板、凑整)、文字和图形消影(识别、矩形、多边形)。

(3)操作状态集(屏幕、坐标、点号、点名、简码、自由码、数字化、矢量化、影像、线符号化)。

(4)自动处理悬挂点和交叉点等 GIS 功能。

该系统面向信息采集的一体化解决方案包括统一采集方法和流程,以及统一采集平台和功能叠加。

## 三、常用扫描矢量化软件

### (一)国外常用图形矢量化软件

1. VPStudio6.75 图形矢量化软件

VPStudio 能将扫描得到的栅格文件转换成 CAD 矢量格式,它是基于 Windows 9X 和 Windows NT 环境的完美的栅格与矢量转换软件,适用于各种规格的草案、文档、技术图纸和地图处理。它将自动和交互式矢量化的优点融为一体,用其独特、高效、强大的编辑功能将栅格文件完美地转换成 100%CAD 软件兼容的矢量格式。目前有 VPStudio6.75 中文版可供下载,软件大小为 10MB。

2. R2V v5.5 自动矢量化软件

迄今为止,R2V v5.5 是图像矢量化软件中自动化程度较为完善的软件,点、线、文本等编缉功能全面,支持多种数据格式(包括 DXF),适合于各类需要进行图像矢量化转换的领域。目前有 R2V v5.5汉化版下载,软件大小为 6.9MB。

3. WinTopo Pro v2.52

WinTopo 是一款非常精小的将栅格(raster)图像转换成矢量(vector)图像的工具。WinTopo将栅格图像的线性和多线特点转换成相应的矢量图像。此程序可转换扫描的地质图或者是工程绘图。其主要功能:输入高达 24 位 RGB 格式的 BMP、TIFF、GIF 文件;以多种文件格式输出,如 ARC、DXF、MapInfo、MIF、TXT;使用 Canny 方法进行边缘检测等。目前有 WinTopo Pro v2.52 汉化版下载,软件大小为 22.2MB。

### (二)国内专用于数字地图的矢量化软件

(1)北京清华山维的 EPSCAN2003 扫描矢量化系统。

(2)南方测绘的 CASSCAN5.0 扫描矢量化软件。

(3)武汉瑞得 RDScan 2.0 扫描矢量化系统。

(4)北京迪瑞斯新技术发展有限公司的 DrScan 扫描矢量化系统。

(5)北京东方泰坦科技有限公司的 TITAN ScanIn 地图扫描矢量化软件。

## 四、掌上平板

### (一)清华山维的 EPSCE 掌上平板测图系统

它是一款浓缩了 EPSW 功能的精华,以掌上机为支撑平台的外业测图系统,可完成各种比例尺的地形图、地籍图、管网图等专业测绘。该系统与 EPS 系列软件数据完全双向兼容,与 EPS 系列软件配套使用,可灵活、便捷和高效地实现 GIS 库的更新与修测。

### (二)测图精灵

测图精灵(Mapping Genius)是南方测绘仪器公司全新推出的野外测绘数据采集及成图一体化软件。它充分发挥笔记本电脑、电子手簿、掌上平板的优点,实现了坐标、图形、属性数据的同步采集、现场成图,做到真正的内外业一体化。它具有可视化界面、人性化设计,操作简单,携带方便,是目前最为理想的野外测绘数据采集及成图工具。

**(三)PalmRSP 测绘"熊掌"**

PalmRSP 是由广州开思测绘软件公司研制开发的,主要用于大比例尺野外数字测绘和地形图的修补测及工程放样,也可以单独用于其他数字测图系统。它还是开思公司信息化测绘软件 SCSG2002 的配套系统,提供了其他测绘数据采集系统的接口,用于完成碎部点、勘丈点、实体信息及地物属性数据的野外现场数据采集,从而使外业测绘人员避免了以往作业中由草图到内业的成图过程中容易产生的各种错误,方便了外业测绘人员的工作,提高了工作效率。如果再配上开思的专利产品"无线数传机",就组成了由"镜站指挥测站"的掌上遥控测绘平板系统,可以实现现场成图"走到、看到、问到、绘到、注记到",既提高了成图质量,又达到了更高的效率。

# 任务三 数字测图作业模式

## 一、数字测图作业模式

### (一)数字测图作业过程

数字测图的作业过程与使用的设备、软件、数据源及图形输出的目的有关。但不论是测绘地形图,还是制作种类繁多的专题图、行业管理用图,只要是测绘数字图,都必须包括数据采集、数据处理和成果输出三个基本阶段。

1. 数据采集

地形图、航空航天遥感像片、图形数据或影像数据、统计资料、野外测量数据或地理调查资料等,都可以作为数字测图的信息源。数据资料可以通过键盘或转储的方法输入计算机;图形和图像资料一定要通过图数转换装置,转换成计算机能够识别和处理的数据。

数据采集主要有如下几种方法。

(1)GPS 法:通过 GPS 接收机采集野外碎部点的信息数据。

(2)航测法:通过航空摄影测量和遥感的手段采集地形点的信息数据。

(3)数字化仪法:通过数字化仪在已有地图上采集信息数据。

(4)大地测量仪器法:通过全站仪、测距仪、经纬仪等大地测量仪器实现碎部点的野外数据采集。

目前我国主要采用大地测量仪器法、数字化仪法和航测法采集数据。大地测量仪器法是野外采集数据,而后两者主要是室内作业采集数据。

(1)野外数据采集。

野外常规数据采集是工程测量,尤其是工程中大比例尺测图获取数据信息的主要方法。而采集数据的方法随着野外作业的方法和使用的仪器设备不同可以分为下面四种形式。

普通地形图测图方法。

传统的野外采集数据的方法是使用普通的测量仪器,如经纬仪、平板仪和水准仪等,将外业观测成果人工记录于手簿中,再进行内业数据的处理,最后输入到计算机内。

使用测距经纬仪和电子手簿方法。

该方法用测距经纬仪进行外业观测距离、水平方向和天顶距等,用电子手簿在野外进行观测数据的记录及必要的计算并储存成果。内业处理时再用电子手簿中的观测数据或经处理后的成果输入计算机中。

野外使用全站仪方法。

用全站仪进行外业观测，测量数据自动存入仪器的数据终端，然后将数据终端通过接口设备输入到计算机。采用这种方法便于实现从外业观测到内业处理直至成果输出整个流程的自动化。

遥感数据采集方法。

该方法分为航空遥感和航天遥感。遥感是当今空间信息获取和更新的一个非常重要的手段和工具，用遥感技术获取信息有范围广、速度快、信息丰富的特点，且遥感信息中包含一定的属性信息，为GIS工程提供了广阔的数据源。

(2)纸质地形图数字化。

我国目前已拥有的大量的各种比例尺的纸质地形图，是十分宝贵的地理信息资源。为了充分利用这些资源，通过地图数字化的方法可以将其转换成数字地图。这种方法是利用原图在室内采集数据，因此称为原图数字化。原图数字化通常有两种方法：手扶跟踪数字化和扫描数字化或称屏幕数字化。

手扶跟踪数字化。

将地图平放在数字化仪的台面上，用一个带十字丝的游标，手扶跟踪等高线或其他地物符号，按等时间间隔或等距离间隔的数据流模式记录平面坐标，或由人工按键控制平面坐标的记录，高程则需由人工从键盘输入。这种方法的优点是所获取的矢量形式的数据在计算机中比较容易处理，缺点是精度低、速度慢、劳动强度大和自动化程度低等。尽管其在地图数字化技术发展的初期曾是地图数字化的主要方法，但目前已不适宜大批量现有地形图的数字化工作，一般只用于小批量或比较简单的地形图的数字化。

扫描数字化或称屏幕数字化。

该方法利用平台式扫描仪或滚筒式扫描仪将地图扫描得到栅格形式的地图数据，即一组阵列式排列的灰度数据(数字影像)。将栅格数据转换成矢量数据可以充分利用数字图像处理、计算机视觉、模式识别和人工智能等领域的先进技术，提供从逐点采集、半自动跟踪到自动识别与提取的多种互为补充的采集手段，具有精度高、速度快和自动化程度高等优点。随着有关技术的不断发展和完善，该方法已经成为地图数字化的主要方法，它适宜于各种比例尺地形图的数字化，对大批量、复杂度高的地形图更具有明显的优势。国内已有许多优秀的矢量化软件如GeoScan、CASSCAN、MapGIS等。

(3)航片数据采集。

这种方法是以航空摄影获取的航空像片作为数据源，即利用测区的航空摄影测量获得的立体像对，在解析测图仪上或在经过改装的立体量测仪上采集地形特征点，自动转换成为数字信息。这种方法工作量小，采集速度快，是我国测绘基本图的主要方法。由于精度原因，在大比例尺(如1：500)测图中受到一定限制。目前，该方法已逐渐被全数字摄影测量系统所取代。现在国内外已有二十多家厂商推出数字摄影测量系统，如武汉大学推出的VirtuoZo系统、北京测绘科学研究院推出的JX-4A系统、美国Intergraph公司推出的ImageStation及Leica公司推出的Helava系统等。基于影像数字化仪、计算机、数字摄影测量软件和输出设备构成的数字摄影测量工作站是摄影测量、计算机立体视觉、影像理解和图像识别等学科的综合成果，计算机不但能完成大多数摄影测量工作，而且借助模式识别理论，可实现自动或半自动识别，从而大大提高了摄影测量的自动化功能。全数字摄影测量系统大致作业过程：将影像扫描数字化，利用立体观测系统观测立体模型（计算机视觉），利用系统提供的一系列进行量测的软件——扫描数据处理、测量数据管理、数字定向、立体显示、地物采集、自动提取（或交互采集）DTM（DEM）、自动生成正射影像等软件（其中利用了影像相关技术、核线影像匹配技术）使量测过程自动化。全数字摄影测量系统在我国得到了迅速的推广和普及，目前已基本上取代了解析摄影测量。

2. 数据处理

实际上，数字测图的全过程都是在进行数据处理，但这里讲的数据处理阶段是指在数据采集以后到图形输出之前对图形数据的各种处理。数据处理主要包括数据传输、数据预处理、数据转换、数据计算、图形生成、图形编辑与整饰、图形信息的管理与应用等。

数据预处理包括坐标变换、各种数据资料的匹配、图比例尺的统一、不同结构数据的转换等。数据转换内容很多，如将野外采集到的带简码的数据文件或无码数据文件转换为带绘图编码的数据文件，供自动绘图使用，又如将 AutoCAD 的图形数据文件转换为 GIS 的交换文件。数据计算主要针对地貌关系；当数据输入到计算机后，为建立数字地面模型绘制等高线，需要进行插值模型建立、插值计算、等高线光滑处理三个过程的工作；在计算过程中，需要给计算机输入必要的数据，如插值等高距、光滑的拟合步距等；必要时需对插值模型进行修改，其余的工作都由计算机自动完成。数据计算还包括对房屋类呈直角拐弯的地物进行误差调整，消除非直角化误差等。经过数据处理后，可产生平面图形数据文件和数字地面模型文件。要想得到一幅规范的地形图，还要对数据处理后生成的"原始"图形进行修改、编辑、整理；还需要加上汉字注记、高程注记，并填充各种面状地物符号；还要进行测区图形拼接、图形分幅和图廓整饰等。数据处理还包括对图形信息的全息保存、管理、使用等。

数据处理是数字测图的关键阶段。在数据处理时，既有对图形数据进行的交互处理，也有批处理。数字测图系统的优劣取决于数据处理的功能。

3. 成果输出

经过数据处理以后，即可得到数字地图，也就是形成一个图形文件，由磁盘或磁带作永久性保存，也可以将数字地图转换成地理信息系统所需要的图形格式，用于建立和更新 GIS 图形数据库。输出图形是数字测图的主要目的，通过对层的控制，可以编制和输出各种专题地图（包括平面图、地籍图、地形图、管网图、带状图、规划图等），以满足不同用户的需要。可采用矢量绘图仪、栅格绘图仪、图形显示器、缩微系统等绘制或显示地形图图形。为了使用方便，往往需要用绘图仪或打印机将图形或数据资料输出。在用绘图仪输出图形时，还可按层来控制线划的粗细和颜色，绘制美观、实用的图形。如果以生产出版原图为目的，可采用带有光学绘图头或刻针（刀）的平台矢量绘图仪，它们可以产生带有线划、符号、文字等高质量的地图图形。

**（二）数字测图作业模式**

由于软件设计者思路不同，测图所使用的设备不同，数字测图有不同的作业模式。目前，野外数字测图常用的作业模式主要有两种，即"内外业一体化成图"和"电子平板成图"。

1. 内外业一体化成图

内外业一体化成图即外业采集数据，内业计算机成图的作业模式。这种作业模式由于内业和外业分开作业，部分生产单位内业和外业的作业人员也不一样，这就要求外业数据采集时应采集每测点的点号、空间位置、属性信息和连接关系。

这种作业模式用全站仪、GPS-RTK或普通测量仪器进行野外数据采集，通过记录卡、电子手簿等记录测点的点号、空间位置、属性信息和连接关系。由于全站仪键盘小，输入数据极不方便，外业作业时往往配合草图来记录测点的属性信息和连接关系。内业将外业数据传输到计算机中，用相应软件经人机交互编辑成图。这种作业模式外业设备轻便，操作方便，野外作业时间短。可通过白天野外采集数据、晚上内业成图的模式来缩短工期。由于是内业和外业分开的"盲式"作业，这种作业方法不易发现图中的疏漏，需在成图后到实地核对、修补。

(1)全站仪、GPS-RTK内外业一体化测图方式。

这种作业模式为绝大部分软件所支持。该模式使用电子手簿或全站仪内存自动记录观测数据，作业自动化程度较高，可以较大地提高外业工作的效率。采用这种作业模式的主要问题是地物属性和连接关系的采集。由于全站仪的采用，测站和镜站的距离可以拉得很远，因而测站上就很难看到所测点的属性及与其他点的连接关系。属性和连接关系输入不正确，会给后期的图形编辑工作带来极大的困难。解决的方法之一，是使用对讲机加强测站与立镜(尺)点之间的联系，以保证测点编码(简码)输入的正确性。也可以为采集系统配置一个袖珍绘图仪(A3/A4)现场按坐标实时展点绘草图。解决的方法之二，是将属性和连接关系的采集移到镜站，用手工草图来完成，测站电子手簿或全站仪内存只记录定位数据(坐标)，在内业编辑时用"引导文件"导入属性和连接关系。这样，既保证了数据的可靠性又大幅度地提高了外业工作的效率，可以说是一种较理想的作业模式。

(2)普通经纬仪与测距仪测绘数字地图方式。

对于还没有条件购买全站仪的单位，可以采用手工键入观测数据到电子手簿来记录外业数据；也可以直接用记录纸记录野外数据，内业通过键盘录入数据实现绘图。其他与第一种作业模式相同。由于用手工键入数据，其数据可靠性和工作效率显然都存在一定的问题。然而，由于它对仪器设备的要求较低，也有一些单位仍在采用。

(3)平板仪外业测图与内业扫描矢量化方式。

先用平板测图方法测出白纸图，可不清绘，然后在室内用数字化仪将白纸图转为数字地图。就我国的基本国情和目前测绘行业的现状(设备条件、技术力量)而言，平板测图仍然被大部分测绘单位所钟爱，而某些工程项目却又需要数字地图(如用计算机进行城市规划等)，这时可采用平板仪外业测图与内业扫描矢量化这种折中方式。然而，这种作业模式所得到的数字地图的精度较低，特别是数字地图用于地籍管理等精度要求较高的工作时，精度问题就突出了。对于测绘数字地籍图，可以用第一种全站仪、GPS-RTK内外业一体化测图的作业模式测量界址点，用平板仪测绘房屋、道路等平面图(不清绘)，再用数字化仪将平面图数字化展绘到界址点展点图(数字图)上，即可得到实用的数字地籍图。

2. 电子平板测图

电子平板测图就是全站仪、GPS-RTK在野外直接和便携机或掌上电脑(测图精灵)相联，在野外直接成图。这种方法是现场成图，可及时发现图中的疏漏并加以改正。

电子平板测图的基本思想是用计算机屏幕来模拟图板，用软件中内置的功能来模拟铅笔、直线笔、曲线笔，以完成曲线光滑、符号绘制、线型生成等工作。具体作业时，将便携机移至野外，现测现画，不需要作业人员记忆输入数据编码。这种模式的突出优点是现场完成绝大部分工作，因而不易漏测，在测图时观念上也不需大的改变。这种作业模式对设备要求较高，起码要求每个作业小组配备一台档次较高的便携机，但在作业环境较差(如有风沙)的情况下，便携机容易损坏。

由于点位数据和连接关系都在测站采集，当测站、镜站距离较远时，属性和连接关系的录入比较困难。这种作业模式适合条件较好的测绘单位，用于房屋密集的城镇地区的测图工作。

纵观上述各种作业模式，如利用全站仪进行点位测量要求测站和待测点之间必须通视，从这个意义上讲，在测量方式上与传统方法并没有本质区别，这在很大程度上影响了野外数据采集的作业效率。随着 GPS 技术的发展，利用 RTK 实时动态定位技术能够实时提供待测点的三维坐标，在测程 20 km 以内可达厘米级的测量精度。目前，高精度、轻小型的 GPS 接收机已经全面推出，它对野外数字测图系统的发展起到了积极的推动作用。例如，美国天宝(Trimble)公司推出的 GPS4800 双频系列接收机实现了接收机、天线、无线 MO-DEM 和无线电台的一体化，并达到了实用化水平，其平面精度可达 1 cm＋1 ppm，高程精度可达 2 cm＋1 ppm，成为野外数据采集的有效工具。利用 GPS 作为数据采集手段的数字测图系统已经走向市场，并以其较高的作业效率受到广大用户的青睐。只要一名测绘员在镜站立对中杆，遥控测站上带伺服马达的全站仪瞄准镜站反光镜，并将测站上测得的三维坐标用无线电传输入电子平板仪并展点和注记高程，绘图员迅速实时地把展点的空间关系在电子平板仪上描述(表示)出来。这种作业模式现已实现无编码作业，测绘准确，效率高，代表未来趋势。

实施野外数据采集前，应准备好仪器、器材、控制成果和技术资料，合理配备测量人员。

## 二、数字测图测前准备

### (一)仪器器材的准备

仪器器材主要包括全站仪、对讲机、便携机、备用电池、通信电缆、花杆、反光棱镜、钢尺等。全站仪、对讲机应提前充电。在数字测图中，由于测站到镜站的距离一般都比较远，每组都应该配备对讲机。

### (二)外业作业人员的组织

外业作业是对数字测图而言，着重指碎部测量及其人员的组织。数字图的施测方式不同，人员的配备也有所不同。

用测记法施测时，作业人员一般配置为观测员 1 人、领尺员 1 人、跑尺员 1～3 人(依测量作业熟练情况而定)。如果配套使用测图精灵，则一般测站 1 人，镜站 1～3 人即可，无需领尺员。领尺员负责画草图和室内成图，是核心成员，一般外业 1 天，内业 1 天，2 人轮换，也可根据本单位实际情况自由安排(有些单位在任务紧时，白天进行外业工作，晚上进行内业工作)。

电子平板法施测时，作业人员一般配置为观测员 1 人、电子平板(便携机)操作人员 1 人(记录与成图)、跑尺员 1～3 人。特殊情况下，外业作业组最少人员配置为 2 人，即观测员 1 人，同时负责操作便携机，以及跑尺员 1 人；只要便携机配置的测图软件所提供的操作十分方便(人称“傻瓜”软件)，而且作业人员对它的操作又很熟悉，这个方案是可以实现的。电子平板法测图，从人员组织到各种测量方法的自动解算和现场自动成图，真正做到了内外业一体化，测图的质量和效率都超过传统的人工白纸测图。

## 三、相关资料的准备

数字测图中，一般都是多个小组同时作业。为了便于作业，在野外采集数据之前，通常要对测区进行“作业区”划分。一般以道路、河流、沟渠、山脊等明显线状地物为界线，将测区划分为若干个作业区；对于地籍测量来说，一般以街坊为单位划分作业区。分区的原则是各区之间的数据(地物)尽可能地独立(不相关),按自然地块进行分块。对于跨区地物,如电力线等,会增加内业编图的麻烦。

在数据采集之前,最好提前将测区的全部已知点成果通过计算机输入全站仪的内存中,以方便调用。

目前多数数字测图系统在野外进行数据采集时,要求绘制较详细的草图。如果测区有相近比例尺的地图,则可将旧图或影像图适当放大复制,裁成合适的大小(如 A4 幅面)作为工作草图。在这种情况下,作业员可先进行测区调查,对照实地将变化的地物反映在草图上,同时标出控制点的位置,这种工作草图也起到了工作计划图的作用。在没有合适的地图可作为工作草图的情况下,应在数据采集时绘制工作草图。工作草图应绘制地物的相关位置、地貌的地性线、点号、丈量距离记录、地理名称和说明注记等。草图可按地物的相互关系分块地绘制,也可按测站绘制,地物密集处可绘制局部放大图。草图上点号标注应清楚正确,并与全站仪内存或电子手簿记录点号对应,如图 2-13 所示。

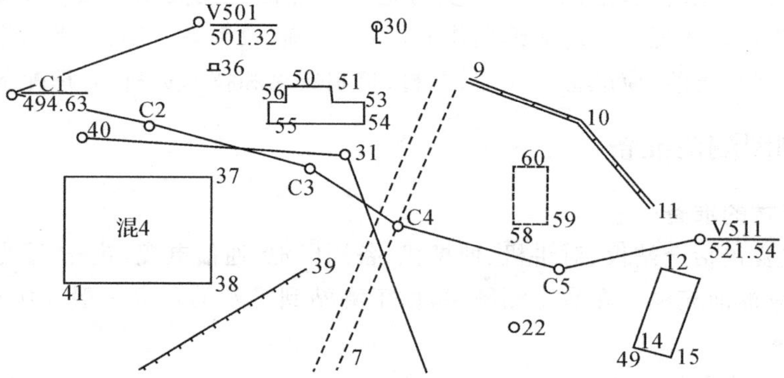


图 2-13　工作草图

## 职业能力训练

训练一:全站仪测量实训。

训练目标:熟练掌握全站仪的操作。

操作提示:

(1)测量前的准备如下。

——电池的安装和检查。

——垂直度盘和水平度盘指标的设置。

——倾角的自动补偿与使用倾角显示进行整平。

——仪器参数的设置。

(2)如图 2-14 所示,地面点 $A$ 的三维坐标($X_A$,$Y_A$,$H_A$)和直线 $AB$ 的坐标方位角 $\alpha_{AB}$ 为已知,地面点 $P$ 为待定点(均由指导教师确定)。采用全站仪完成以下测量工作。

——用一测回测量角度 $\beta$ 及水平距离 $D_{AP}$。

——量取仪器高和目标棱镜高度,利用全站仪坐标测量功能,测量 $P$ 点的三维坐标($X_A$,$Y_A$,$H_A$),测量记录格式见表 2-2。

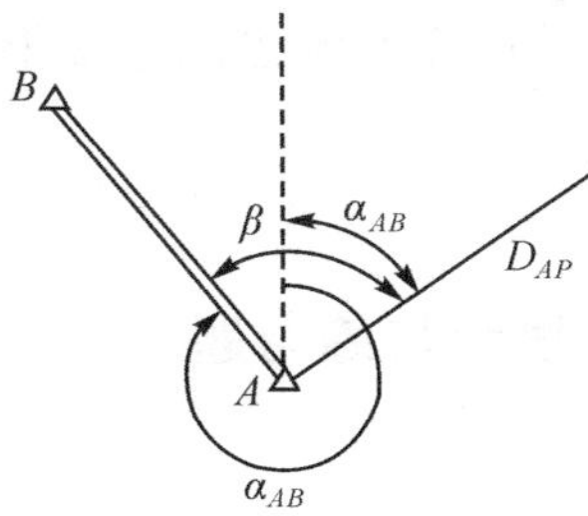


图 2-14　全站仪测量示意图

**表 2-2　全站仪测量记录手簿**

仪器型号________仪器编号__________班级__________组号__________观测者__________记录者______

温度__________气压________日期：________年________月______日　测量时间：________其他________

<table>
<tr><td>测站</td><td>目标</td><td>竖盘<br>位置</td><td>水平度盘<br>读数<br>° ′ ″</td><td>半测回角值<br>° ′ ″</td><td>一测回<br>平均角值<br>° ′ ″</td><td>垂直角<br>° ′ ″</td><td>水平<br>距离/m</td><td>平均<br>距离/m</td></tr>
<tr><td rowspan="4">A</td><td>B</td><td rowspan="2">左</td><td></td><td rowspan="2"></td><td rowspan="4"></td><td>/</td><td>/</td><td>/</td></tr>
<tr><td>P</td><td></td><td></td><td></td><td rowspan="2"></td></tr>
<tr><td>P</td><td rowspan="2">右</td><td></td><td rowspan="2"></td><td></td><td></td></tr>
<tr><td>B</td><td></td><td>/</td><td>/</td><td>/</td></tr>
<tr><td rowspan="2">测站</td><td rowspan="2">仪器高/m</td><td rowspan="2">目标</td><td rowspan="2">方位角<br>° ′ ″</td><td colspan="4">坐标值</td><td rowspan="2">目标高/m</td></tr>
<tr><td>X</td><td>Y</td><td colspan="2">H</td></tr>
<tr><td rowspan="2">A</td><td rowspan="2"></td><td>B</td><td></td><td></td><td></td><td colspan="2"></td><td>/</td></tr>
<tr><td>P</td><td></td><td></td><td></td><td colspan="2"></td><td></td></tr>
</table>

训练二：利用 CASS7.0 数字测图软件读取全站仪数据。

训练目标：掌握如何读取全站仪数据。

操作提示：如图 2-15 所示。

(1)将全站仪与电脑连接后，选择“读取全站仪数据”。

(2)选择正确的仪器类型。

(3)选择“CASS 坐标文件”，输入文件名。

(4)点击“转换”，即可将全站仪里的数据转换成标准的 CASS 坐标数据。

注意：如果仪器类型里无所需型号或无法通信，先用该仪器自带的传输软件将数据下载，并将“联机”去掉；在“通讯临时文件”中选择下载的数据文件；在“CASS 坐标文件”中输入文件名；点击“转换”，也可完成数据的转换。

图 2-15　全站仪内存数据转换

## 单元小结

通过本单元的学习，应熟悉多种全站仪的特点并能进行参数设置，能够使用多种型号的全站仪进行角度、距离及坐标测量，了解常用数字测图软件的特点并在数据通信实训学习中熟悉数字测图的常用作业模式、相应作业模式的作业流程，从而总体把握各种测图方法测图前的准备工作。

## 思考与练习题

1. 计算机的硬件由哪几部分组成？
2. 全站仪主要由哪几部分组成？
3. 全站仪有哪几种分类？
4. 数据通信的方式有哪些？
5. 什么叫波特率？
6. 全站仪在进行数据传输之前应进行哪些设置？
7. 在操作使用全站仪时应注意什么？
8. GPS 由哪几部分组成？
9. 什么是 RTK 技术？RTK 的作业模式有哪些？
10. 什么是系统软件？什么是应用软件？
11. 数字测图软件主要有哪些特点？
12. 常用的数字测图软件有哪些？各有什么特点？
13. 常用的图形矢量化软件有哪些？
14. 数字测图作业模式有哪几种？
15. 简述数字测图的作业过程。
16. 测图前有哪些准备工作？

# 单元三　图根控制测量

［单元概述］

本单元先介绍了图根控制测量，然后结合数字测图发展趋势及职业岗位所需使用的仪器与测图方法，着重培养全站仪导线布设、施测方法及导线平差的技能，并通过学与做的结合完成对本单元内容的全面掌握。

［学习目标］

(1)掌握全站仪导线的布设及施测方法。

(2)会灵活运用全站仪导线测量的几种常用方法，如一步测量法、支站法等。

(3)了解全站仪导线的平差计算方法。

(4)学会使用南方“平差易”软件进行导线平差。

## 任务一　全站仪导线的布设和施测

野外数据采集包括两个阶段：图根控制测量和地形特征点(碎部点)采集。测区高级控制点的密度不能满足大比例尺数字测图的需求时，应加密适当数量的图根控制点，又称图根点，直接供测图使用。图根控制布设，是在各等级控制下进行加密的，一般不超过两次附合。在较小的独立测区测图时，图根控制可作为首级控制。

图根控制测量的仪器有很多种，以前常用的仪器是经纬仪。随着科学的发展，各种先进的测量仪器不断涌现，全站仪、GPS-RTK逐渐成为各种测量工作的主要仪器。尤其全站仪是目前最流行的测量工具，它是一种新型的集测角、测距于一体的电子速测仪器，除能进行常规的测角、测距外，还具有多种专用测量功能，利用其测角、测距功能或三维坐标测量功能都可进行导线测量。全站仪通过角度和边长进行传统的导线测量或直接获取各导线点的三维坐标(平面坐标与高程)时，我们称此种导线为全站仪导线。

### 一、图根点布设

图根点是直接供测图使用的控制点，图根点的密度应根据测图比例尺和地形条件而定。在平坦开阔地区，使用传统测图方法作业，图根点的密度不宜小于表3-1所规定的标准。数字测图一般以500 m以内能测到碎部点为原则，每平方千米图根点的密度不宜小于表3-2所规定的标准；即对于1∶2 000比例尺测图不少于4个，对于1∶1 000比例尺测图不少于16个，对于1∶500比例尺测图不少于64个。对于地形复杂、隐蔽及位于城市建筑区等情况，应满足测图需要并结合具体情况加大密度。

图根控制点应选在土质坚实、便于长期保存、便于仪器安置、通视良好、视野开阔、便于测角和测距、便于施测碎部点的地方。要避免将图根点选在道路中间。图根点选定后，应立即打桩并在桩顶钉一小钉或画“＋”作为标志，也可以用油漆在地面上画“⊕”作为临时标志并编号。

当测区内高级控制点稀少时，应适当埋设标石。埋石点应选在第一次附合的图根点上，并应做到至少能与另一个埋石点互相通视。

表 3-1 平坦开阔地区图根点的密度

| 测图比例尺 | 1∶500 | 1∶1 000 | 1∶2 000 |
|---|---|---|---|
| 图根点密度/（点/$km^2$） | 150 | 50 | 15 |

表 3-2 数字测图中平坦开阔地区图根点的密度

| 测图比例尺 | 1∶500 | 1∶1 000 | 1∶2 000 |
|---|---|---|---|
| 图根点密度/（点/$km^2$） | 64 | 16 | 4 |

## 二、全站仪导线的布设

全站仪导线的布设形式与普通导线一样，其中常见的布设形式如下。

1. 附合导线

导线始于一个已知点，连接一系列未知点，最后终于另一个已知点。两端都有已知方向的称为双定向附合导线，简称附合导线，如图 3-1 所示。若只有一端有已知方向，则称为单定向附合导线。若两端均无已知方向，则称为无定向附合导线。单定向附合导线和无定向附合导线在实际生产中较少应用。

2. 闭合导线

闭合导线由仅有的一个已知点开始，连接一系列未知点，最后终于原来的起始点，如图 3-2 所示。闭合导线的起点一般应有已知方向，除了观测各折角外，还应观测已知方向与导线边的连接角；否则，各导线边的坐标方位角无法推算。

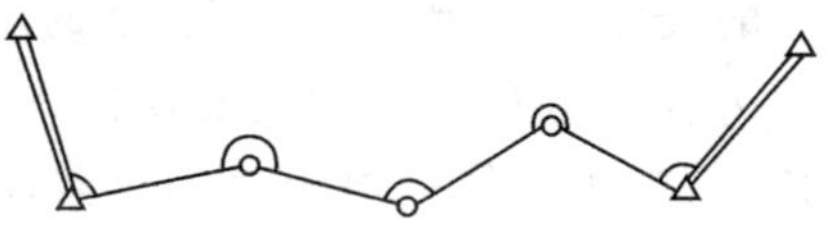

图 3-1 附合导线

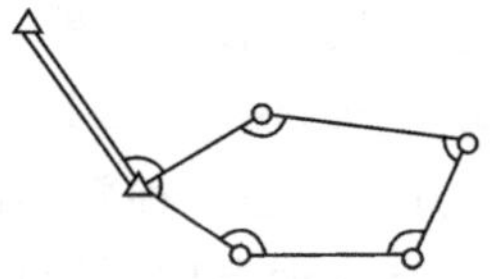

图 3-2 闭合导线

在实际生产过程中，除了这两种形式外还有支导线、单结点导线、导线网等。支导线是自一个已知点开始，连接一系列未知点，最后终于一个未知点。它既不附合于一个已知点，也不会回到原来的起始点，没有检核条件，不易发现错误，所以一般不宜采用。结点导线是从 3 个或更多的已知点开始，布设 3 条或更多条导线并会合于一个未知点，该未知点称为结点。只有一个结点的导线称为单结点导线。结点导线的起点一般应有已知方向。单结点导线计算相对单一导线要复杂一些。导线网是指由一已知点和未知点连接成一系列折线并构成网状的平面控制图形。导线网至少包含一个结点或两个闭合环。单结点导线是最简单的导线网。导线网未知结点多，控制范围较大，计算复杂。

## 三、全站仪导线的施测

全站仪导线的施测与传统的导线测量一样，分为外业和内业两部分。其外业工作主要包括踏勘与设计、选点与埋设标志、导线测量等工作；其内业工作随着计算机的广泛使用，手工计算逐渐由软件处理代替(内业处理详见本单元任务三)。

**(一)踏勘与设计**

在测图任务确定后,首先要收集有关资料,着手图根点的布设。要收集测区内和测区附近已有的各级控制点成果资料和各种比例尺地形图,并到测区实地勘察测区范围大小、地形条件、交通条件、物资供应情况,以及已有控制点的保存情况。根据踏勘结果、现有仪器设备情况和测图技术要求,在小比例尺地形图上拟订图根控制测量方案,并绘制控制网图。测区范围很小或者没有可用的地形图时,也可以直接到测区现场边踏勘边选点。控制测量方案的拟订包括以下内容。

(1)要首先考虑起算数据的问题。起算数据可以利用测区内或测区附近的国家等级控制点。如果没有可利用的控制点,也可以采用 GPS 测量的方法获得起算数据。

(2)要确定首级控制的等级与加密方案。首级控制的等级主要与测区范围的大小有关,测区范围越大,首级控制的等级越高,相应的加密级次越多。大面积地形测图,可以将三等、四等平面控制作为首级控制;小范围地形测图可以将一级、二级导线测量作为首级控制。

(3)要确定控制测量的方法。控制测量的方法要根据测区地形条件和现有仪器设备情况来确定。GPS 测量、导线测量是目前广泛采用的控制测量方法。选用导线测量设计的控制网必须满足相关的测量规范的要求。

**(二)选点与埋设标志**

确定控制测量方案后,就要到现场埋设控制点。如果实地情况与图上差别较大,可对原设计方案进行适当调整。通常控制点点位应满足下列要求。

(1)土质坚实,便于保存。应避免在土质松散或易受损坏的地方选点。

(2)方便架设仪器和观测。

(3)需要观测的方向必须通视。

(4)同一控制点需要观测的方向的边长应相近,以减小调焦引起的观测误差。

(5)必须满足规范对图形的技术要求,如使用导线要考虑的总长、边长、边数。

(6)视野开阔,图根以上等级的控制点要便于加密发展,图根控制点要便于测图。

控制点实地选定后,应按规范埋设点位标志。按一般要求,图根控制点以上等级的控制点都应埋设永久性标志,永久性标志的规格要符合规范要求。对于图根控制点,可以采用永久性标志和临时性标志相结合的方式。

控制点应统一编号,并绘制控制网略图备用。

**(三)导线测量**

图根导线测量的主要技术指标应符合表 3-3 的规定。因地形限制图根导线无法附合时,可布设支导线。支导线不多于 4 条边,长度不超过 450 m,最大边长不超过 160 m。边长可单程观测 1 测回。水平角观测首站应联测两个已知方向,采用 DJ6 光学经纬仪观测 1 测回;其他站水平角应分别测左、右角各 1 测回,其固定角不符值与测站圆周角闭合差均不应超过$\pm 40''$。

全站仪在进行导线测量前应进行检校,保证仪器各项指标满足规范要求。多测回水平角观测,应按规范对每测回配置度盘;多方向水平角观测应注意选择好零方向,一测站观测方向数超过 3 个时,应严格按全圆方向观测法操作程序进行观测。导线的折角观测,一般以导线前进方向为准,统一观测左角,并在记录手簿上注明起始方向点号。当独立的连接角不参加闭合差计算时,其观测错误无法发现,所以应特别注意连接角的观测。

表 3-3　图根电磁波测距附合导线的技术要求

<table>
<tr><th rowspan="2">比例尺</th><th rowspan="2">平均边长/m</th><th rowspan="2">导线全长/m</th><th rowspan="2">导线全长相对闭合差/m</th><th rowspan="2">方位角闭合差/(″)</th><th rowspan="2">水平角测回数(DJ6)</th><th colspan="2">测距</th></tr>
<tr><th>仪器类型</th><th>方法与测回数</th></tr>
<tr><td>1∶500</td><td>80</td><td>900</td><td rowspan="3">≤1/4 000</td><td rowspan="3">$\leqslant \pm 40\sqrt{n}$</td><td rowspan="3">1</td><td rowspan="3">Ⅱ级</td><td rowspan="3">单程观测1</td></tr>
<tr><td>1∶1 000</td><td>150</td><td>1 800</td></tr>
<tr><td>1∶2 000</td><td>250</td><td>3 000</td></tr>
</table>

图根控制测量边长通常较短，仪器对中误差及目标偏心误差对水平角观测有较大影响。所以，要特别注意仪器的对中和目标的对中。仪器的光学(或红外)对中比垂球线对中精度更好，要尽量采用光学(或红外)对中。照准点上的目标应尽量采用细而直的觇标，太短的边可悬挂垂球线作为照准目标。觇标应严格垂直，觇标的尖端和垂球应精确对准点位。

水平角观测的各种限差应满足规范要求，不合格的成果应重测。在图根控制测量中，水平角观测的限差主要有测回间方向值互差、采用全圆方向观测法时的归零差。这两种限差与使用的仪器精度有关。各种限差的具体规定按设计任务书指定的规范执行。

导线测量中还要进行距离测量。根据控制网的等级不同，可以采用不同精度的全站仪进行距离测量。采用全站仪进行距离观测时，应同时观测竖直角，记入观测手簿，以便将观测的斜距换算成水平距离。除图根导线外，进行其他等级导线的距离观测时，应同时读取温度和气压记入观测手簿，以便对观测的距离进行气象改正计算。在全站仪测距时，观测的次数、较差和仪器精度指标都要满足有关测量规范的要求，不合格的成果应重测。

## 任务二　图根控制测量常用作业方法

图根平面控制点的布设，可采用图根导线、图根三角、交会方法和 GPS-RTK 等方法。常用的导线测量方法有一步测量法和支站法等。

### 一、一步测量法

一步测量法就是图根导线与碎部测量同时作业。利用全站仪采集数据时，效率非常高，可少设一次站，少跑一遍路，适合数字测图，现在有很多测图软件都支持此方法。

一步测量法的步骤归结为(如图 3-3 所示)：先在已知坐标的控制点 $V501$ 上设测站，在该测站上先测出下一导线点 $C1$(图根点)的坐标，然后再施测本测站的碎部点 30、36、56、50 的坐标，并可实时展点绘图。搬到下一测站 $C1$，其坐标已知，测出下一导线点 $C2$ 的坐标，再测本站碎部点 40、41 的坐标……待导线测到 $C5$ 测站，可测得 $V511$ 的坐标，记作 $V511'$点。$V511'$点坐标与 $V511$ 点已知坐标之差，即为该附合导线的闭合差。若闭合差在限差范围之内，则可平差计算出各导线点的坐标。为提高测图精度，可根据平差后的坐标值，重新计算各碎部点的坐标，然后再显示成图。若闭合差超限，则想办法查找出导线错误之处，返工重测，直至闭合为止。但这个返工工作量仅限于图根点的返工，而碎部点原始测量的数据仍可利用，闭合后，重算碎部点坐标即可。

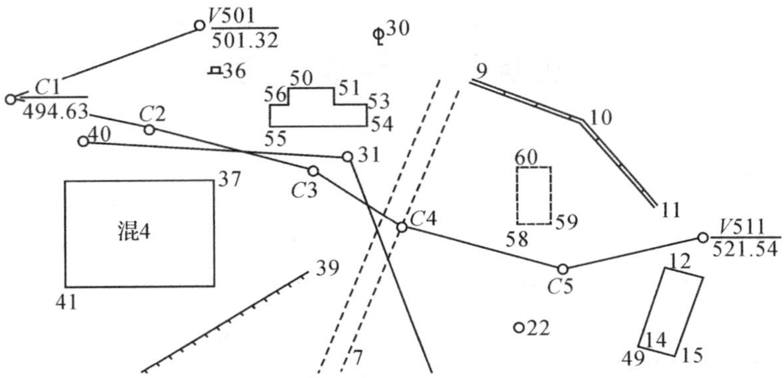


图 3-3　一步测量法示意图

## 二、支站法

支站法就是在某一通视良好的等级控制点上，用极坐标测量方法，按全圆方向观测方式，一次测定周围几个图根点，或用测回法向前测定一个图根点。这种方法无需平差计算，直接测出坐标。为了保证图根点的可靠性，一般要变换定向点进行两次观测。支站可连续进行，通常不超过 3 站，且每站都应变换定向点进行检核。

如图 3-4 所示，在控制点 *D*123 所能测到的范围外，还有测不到的地物(或地貌)，则在图中所选的几个位置一次性测几个点：*Z*1、*Z*2、*Z*3、*Z*4 作为其他范围的控制点，以减少作导线所产生的误差传递。如果测图需要，还可以在 *Z*1、*Z*2、*Z*3、*Z*4 这几个点上继续作支站，但这种支站不宜超过 3 站，否则，测图精度得不到保障。例如，支站点 *Z*2 所测及范围有很多是测不到的，所以还需要支站，设支站点为 *Z*5；如果 *Z*5 点周围还有测不到的范围，也还需支站，这样误差就随着支站数量的增加而增大。考虑到测量误差的限制，且为满足测图精度的要求，支站的数量应控制在 3 站以内。

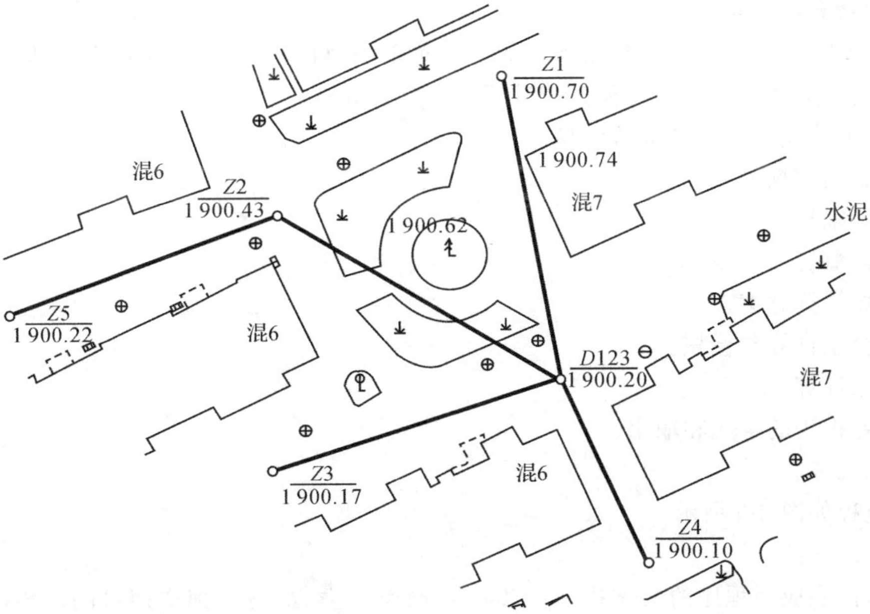


图 3-4　支站法示意图

# 任务三 导线平差

## 一、导线平差

导线计算就是根据已知坐标、已知方向、观测的连接角、水平距离和水平转折角等，依据坐标计算原理，计算未知点的平面坐标。计算过程中涉及处理误差的平差方法：导线等级较高时，按规定应采用严密平差的方法；等级较低时，可以采用近似平差的方法。

严密平差的方法最常用的有两种：一种是条件平差，一种是间接平差。条件平差是根据观测元素之间所构成的条件，按最小二乘法原理求得观测值的最或是值，以消除因多余观测而产生的不符值，并做出相应的精度评定；间接平差法的思想是针对具体的平差问题，选定 $t$ 个未知量，建立未知数与观测值间的函数关系，进而转化为误差方程，并依据最小二乘法原理，按求自由极值的方法解算出未知量的最或是值。

## 二、南方平差易软件的导线平差功能及使用方法

### （一）平差易简介

平差易（Power Adjust 2005）简称 PA2005，它是由南方测绘仪器公司在 Windows 系统下用 VC 开发的控制测量数据处理软件，也是南方测绘 PA2002 的升级产品。它一改过去单一的表格输入，采用了 Windows 风格的数据输入技术和多种数据接口（如南方系列产品接口、其他软件文件接口等），同时辅以网图动态显示，实现了数据采集、数据处理和成果打印的一体化。其成果输出丰富强大、多种多样，平差报告完整详细，报告内容也可根据用户需要自行定制，另有详细的精度统计和网形分析信息等，加上其界面友好、功能强大、操作简便，是控制测量理想的数据处理工具。

### （二）附合导线平差

所有 PA2005 的功能都包含在顶部的下拉菜单中，可以通过操作下拉菜单来完成平差计算的所有工作，如文件读入和保存、平差计算、成果输出等。

1. 用平差易做控制网平差的过程

（1）控制网数据录入。

（2）坐标推算。

（3）坐标概算。

（4）选择计算方案。

（5）闭合差计算与检核。

（6）平差计算。

（7）平差报告的生成和输出。

2. 作业流程

作业流程如图 3-5 所示。

3. 向导式平差

向导即按照应用程序的文字提示一步一步操作下去，最终达到应用目的。PA2005 提供了向导式平差，根据向导的中文提示点击相应的信息即可完成全部的操作。它对 PA2005 的

初学者有着极大的帮助。因此，建议 PA2005 的初学者应先用向导来熟悉 PA2005 数据处理的全部操作过程。

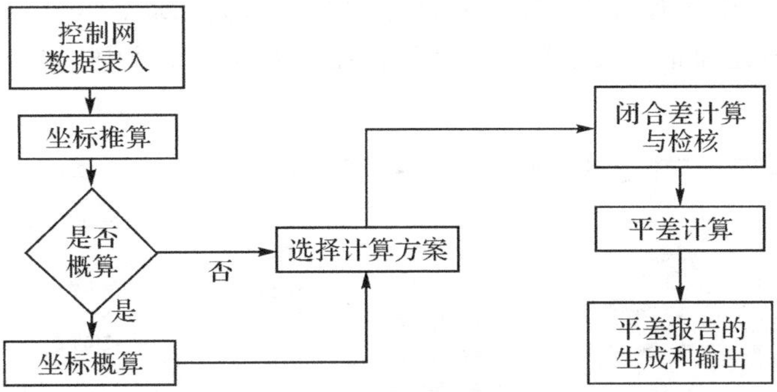


图 3-5　作业流程图

平差向导只适用于对已经编辑好的平差数据文件进行平差，因此，向导式平差需要事先编辑好数据文件。这里以 Demo 中的“边角网 4. txt”文件为例来说明，向导式平差的方法步骤如下。

第一步：首先启动“南方平差易 2005”，然后用鼠标点击下拉菜单“文件”中的“平差向导”。请注意平差向导的中文提示和应用说明，并依据提示进行。

第二步：点击“下一步”进入平差数据文件的选择页面。点击“浏览”来选择要平差的数据文件。所选择的对象必须是已经编辑好的数据文件，如 PA2005 的 Demo 中“边角网 4. txt”。对于数据文件的建立，PA2005 提供了两种方式：一是启动系统后，在指定表格中手工输入数据，然后点击“文件”中的“保存”生成数据文件；二是依照附录中的文件格式，在 Windows 的记事本里手工编辑生成。然后，点击“打开”即可调入该数据文件。

第三步：控制网属性设置。调入平差数据后点击“下一步”即可进入控制网属性设置界面，如图 3-6 所示。该功能将自动调入平差数据文件中控制网的设置参数，如果数据文件中没有设置参数则此对话框为空，同时也可对控制网属性进行添加和修改。向导处理完后该属性将自动保存在平差数据文件中。然后，点击“下一步”进入计算方案的设置界面。

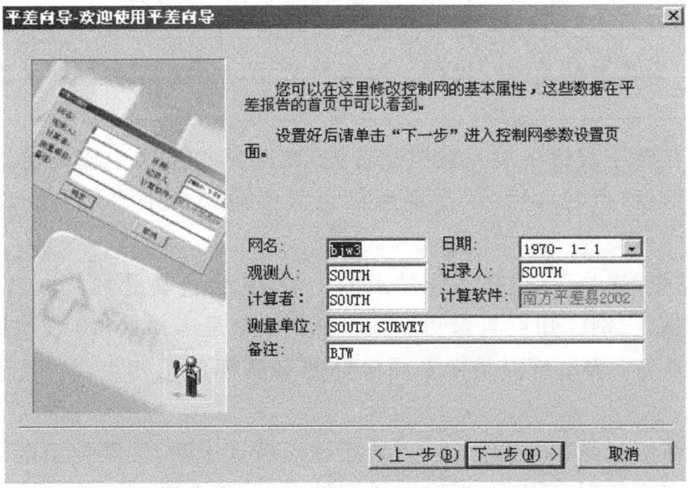


图 3-6　控制网属性设置

第四步：设置计算方案。设置平差计算的一系列参数，包括验前单位权中误差、测距仪固定误差、测距仪比例误差等，如图 3-7 所示。该向导将自动调入平差数据文件中计算方案的设置参数，如果数据文件中没有该参数则此对话框为默认参数(2.5、5、5)，同时也可对该参数进行编辑和修改。向导处理完后该参数将自动保存在平差数据文件中。点击“下一步”进入坐标概算界面。

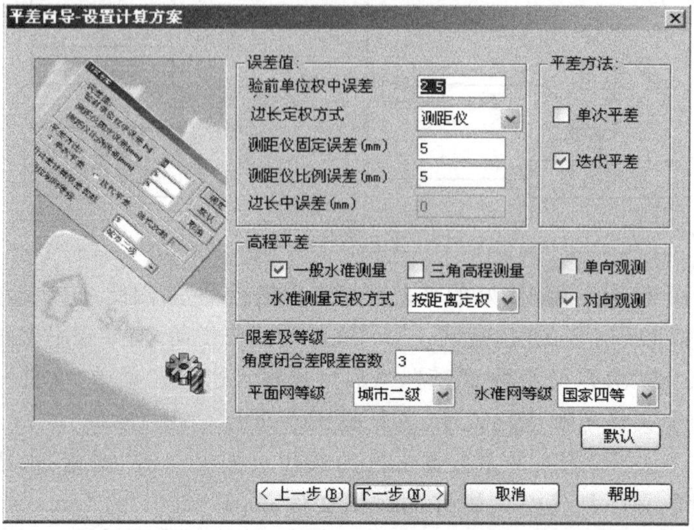


图 3-7 计算方案设置

第五步：选择概算。概算是对观测值的改化，包括边长、方向和高程的改正等。当需要概算时，就在“概算”前打“√”，然后选择需要概算的内容。点击“完成”则整个向导的数据处理完毕，随后就回到南方平差易 2005 的界面，在此界面中就可查看该数据的平差报告，并可打印和输出。

4. 控制网数据的录入

控制网的数据录入分数据文件读入和直接键入两种。凡符合 PA2005 文件格式的数据均可直接读入，读入后 PA2005 自动推算坐标和绘制网图。PA2005 为手工数据键入提供了一个电子表格，以“测站”为基本单元进行操作。键入过程中，PA2005 将自动推算其近似坐标和绘制网图，如图 3-8 所示。

下面介绍如何在电子表格中输入数据。首先，在测站信息区中输入已知点信息(点名、属性、坐标)和测站点信息(点名)；然后，在观测信息区中输入每个测站点的观测信息，如图 3-9 所示。

其中，测站信息中“序号”指已输入测站点的个数，它会自动叠加；“点名”指已知点或测站点的名称；“属性”用以区别已知点与未知点：00 表示该点是未知点，10 表示该点是具有平面坐标而无高程的已知点，01 表示该点是无平面坐标而有高程的已知点，11 表示该已知点既有平面坐标也有高程。

观测信息与测站信息是相互对应的，当某测站点被选中时，观测信息区中就会显示当该点为测站点时所有的观测数据。因此，当输入了测站点时，需要在观测信息区的电子表格中输入其观测数值。第一个照准点即为定向点，其方向值必须为 0，而且定向点必须是唯一的。

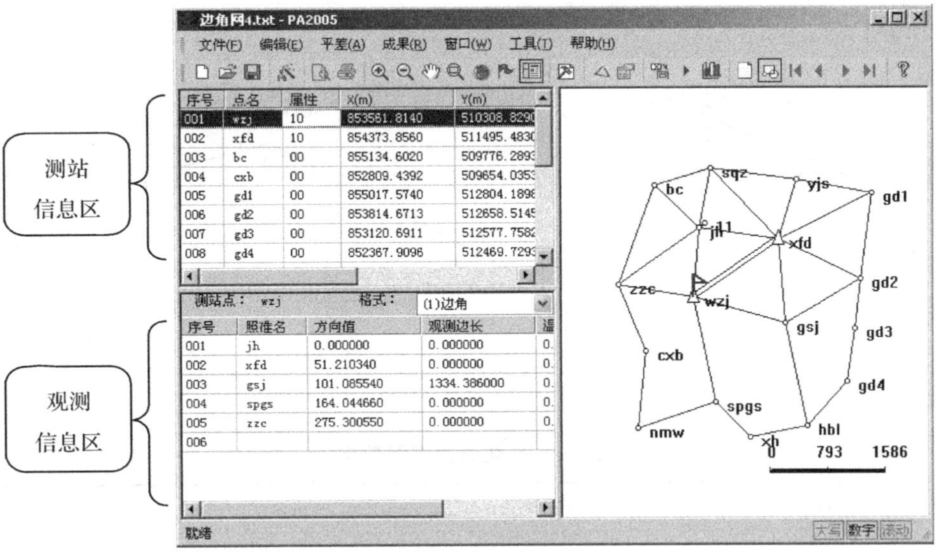


图 3-8　电子表格输入 1

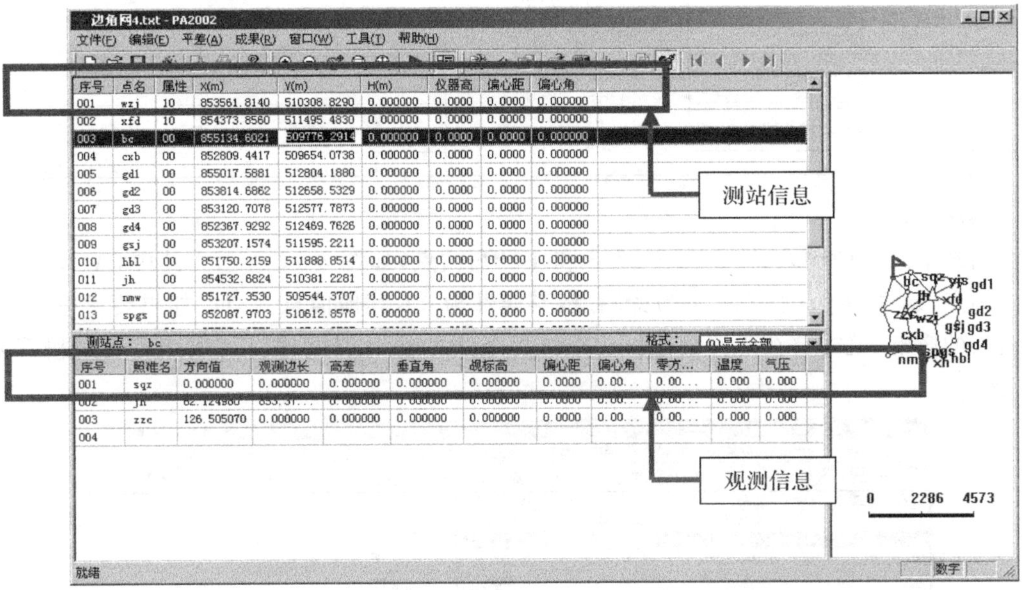


图 3-9　电子表格输入 2

“照准名”指照准点的名称，“方向值”指观测照准点时的方向观测值，“观测边长”指测站点到照准点之间的平距，在观测边长中只能输入平距；“垂直角”指以水平方向为 0°时的仰角或俯角；“温度”和“气压”只参与概算中的气象改正计算。

5. 附合导线平差实例

图 3-10 及表 3-4 为一附合导线的简图和测量数据，现用平差易软件对其进行平差。$A$、$B$、$C$ 和 $D$ 是已知坐标点，点 2、3 和 4 是待测的控制点。

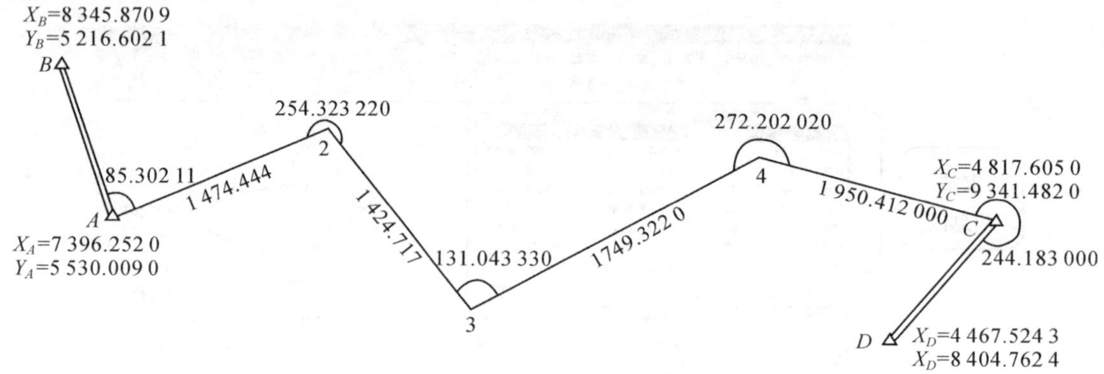


图 3-10　附合导线示意图

**表 3-4　导线原始测量数据**

| 测站点 | 角度/(° ′ ″) | 距离/m | X/m | Y/m |
|---|---|---|---|---|
| B | | | 8 345.870 9 | 5 216.602 1 |
| A | 85.302 11 | | 7 396.252 0 | 5 530.009 0 |
| | | 1 474.444 0 | | |
| 2 | 254.323 22 | | | |
| | | 1 424.717 0 | | |
| 3 | 131.043 33 | | | |
| | | 1 749.322 0 | | |
| 4 | 272.202 02 | | | |
| | | 1 950.412 0 | | |
| C | 244.183 00 | | 4 817.605 0 | 9 341.482 0 |
| D | | | 4 467.524 3 | 8 404.762 4 |

(1)数据录入。

在测站信息区中输入 A、B、C、D、2、3 和 4 号测站点,如图 3-11 所示。其中,A、B、C、D 为已知坐标点,属性为 10;点 2、3、4 为待测点,其属性为 00,其他信息为空。如果要考虑温度、气压对边长的影响,就需要在观测信息区中输入每条边的实际温度、气压值,然后通过概算来进行改正。

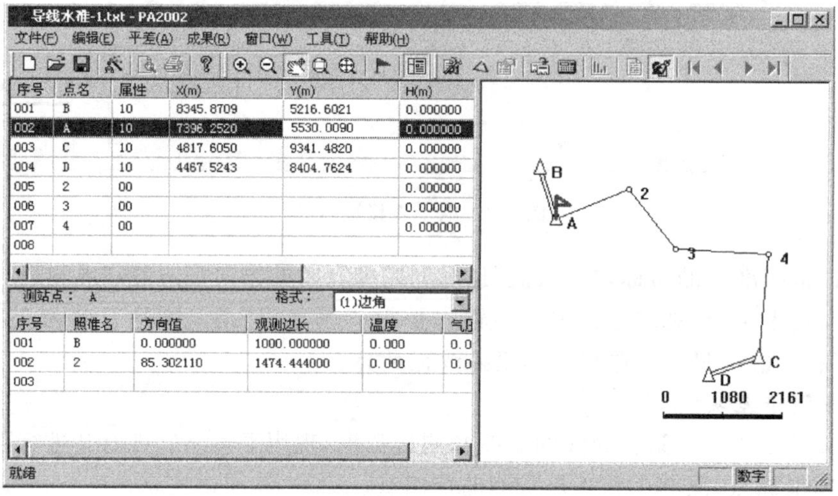


图 3-11　数据输入

根据控制网的类型选择数据输入格式，此控制网为边角网，则选择边角格式，如图 3-12 所示。

测站点：4　　格式：(1)边角

图 3-12　选择格式

在观测信息区中输入每一个测站点的观测信息。$B$、$D$ 作为定向点，没有设站，所以无观测信息，但在测站信息区中必须输入它们的坐标。以 $A$ 为测站点，$B$ 为定向点时(定向点的方向值必须为零)，照准 2 号点的数据输入，如图 3-13 所示。以 $C$ 为测站点，以 4 号点为定向点时，照准 $D$ 点的数据输入，如图 3-14 所示。

测站点：A　　格式：(1)边角

| 序号 | 照准名 | 方向值 | 观测边长 | 温度 | 气压 |
|---|---|---|---|---|---|
| 001 | B | 0.000000 | 1000.000000 | 0.000 | 0.000 |
| 002 | 2 | 85.302110 | 1474.444000 | 0.000 | 0.000 |

图 3-13　测站 $A$ 的部分观测信息

测站点：C　　格式：(1)边角

| 序号 | 照准名 | 方向值 | 观测边长 | 温度 | 气压 |
|---|---|---|---|---|---|
| 001 | 4 | 0.000000 | 0.000000 | 0.000 | 0.000 |
| 002 | D | 244.183000 | 1000.000000 | 0.000 | 0.000 |

图 3-14　测站 $C$ 的部分观测信息

各测站的观测信息如前面所示的输入方法进行输入，数据为空或前面已输入过的数据可以不输入(对向观测例外)。在电子表格中输入数据时，所有零值可以省略不输。以上数据输入完后，点击菜单“文件”中的“另存为”，将输入的数据保存为平差易数据格式文件。

(2)打开数据文件。

点击菜单“文件”中的“打开”，在图 3-15“打开文件”对话框中找到“三角高程导线.txt”。

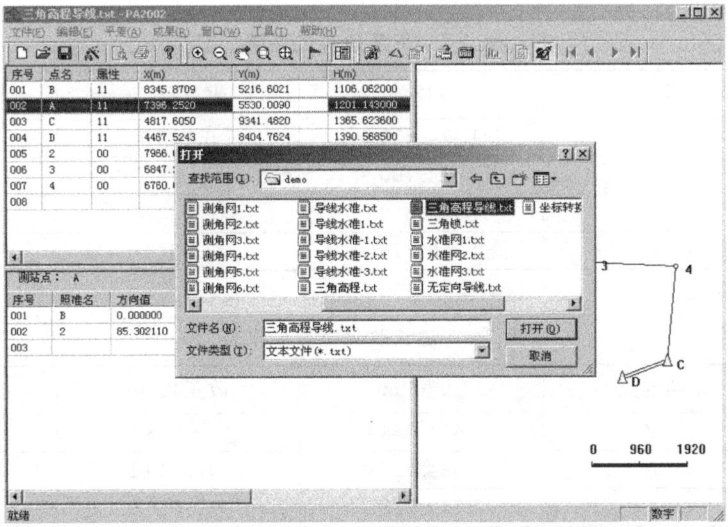

图 3-15　打开文件

(3)近似坐标推算。

根据已知条件(测站点信息和观测信息)推算出待测点的近似坐标,作为构成动态网图和导线平差的基础。用鼠标点击菜单“平差”中的“推算坐标”即可进行坐标的推算。

每次打开一个已有数据文件时,PA2005会自动推算各个待测点的近似坐标,并把近似坐标显示在测站信息区内。当数据输入或修改原始数据时则需要用此功能重新进行坐标推算。

(4)选择概算。

这主要是对观测数据进行一系列的改化,根据实际的需要来选择其概算的内容并进行坐标的概算,如图3-16所示。

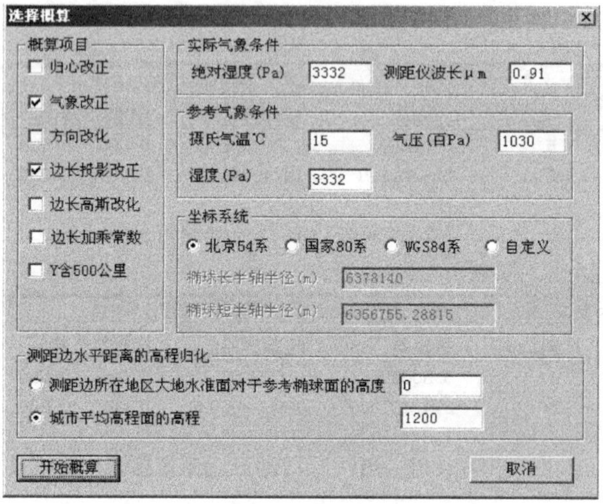


图3-16　选择概算

选择概算的项目有:归心改正、气象改正、方向改化、边长投影改正、边长高斯改化、边长加乘常数改正等,需要进行概算就在项目前打“√”即可。

概算结束后,系统提示“是否保存概算结果?”,点击“是”后,可将概算结果保存为TXT文本。图3-16所选择概算的结果见表3-5、表3-6。

**表3-5　气象改正成果表**

| 测站点 | 照准点 | 边长/m | 改正数/m | 改正后边长/m |
|---|---|---|---|---|
| *A* | 2 | 1 474.435 6 | 0.033 9 | 1 474.469 5 |
| 2 | 3 | 1 424.700 9 | 0.028 7 | 1 424.729 5 |
| 3 | 4 | 1 749.302 9 | 0.033 5 | 1 749.336 4 |
| 4 | *C* | 1 950.376 4 | 0.034 8 | 1 950.411 3 |

**表3-6　边长改化概算成果表**

| 测站点 | 照准点 | 边长/m | 改正数/m | 改正后边长/m |
|---|---|---|---|---|
| *A* | 2 | 1 474.444 0 | −0.008 4 | 1 474.435 6 |
| 2 | 3 | 1 424.717 0 | −0.016 1 | 1 424.700 9 |
| 3 | 4 | 1 749.322 0 | −0.019 1 | 1 749.302 9 |
| 4 | *C* | 1 950.412 0 | −0.035 6 | 1 950.376 4 |

(5)计算方案的选择。

计算方案的选择主要是选择控制网的等级、参数和平差方法。

对于同时包含了平面数据和高程数据的控制网,如三角网和三角高程网并存的控制网,一般处理过程应为:先进行平面网处理,然后在高程网处理时PA2005会使用已经较为准确的平面数据如距离等,来处理高程数据。用鼠标点击菜单“平差”中的“平差方案”即可进行参数的设置。各项参数根据实际情况进行设置。

(6)闭合差计算与检核。

其根据观测值和“计算方案”中的设定参数来计算控制网的闭合差和限差,从而来检查控制网的角度闭合差或高差闭合差是否超限,同时检查分析观测粗差或误差。

点击“平差”中的“闭合差计算”,如图3-17所示。左边的闭合差计算结果与右边的控制网图是动态相连的(控制网图用红色表示闭合导线或中点多边形),它将数和图有机地结合在一起,使计算更加直观,检测更加方便。对导线网,闭合差信息区包括纵坐标差fx、横坐标差fy、相对闭合差fd、导线全长相对闭合差k、最大边长、平均边长及角度闭合差等信息;若为无定向导线则无fx、fy、fd、k等项;对闭合导线,若边长或角度输入不全也没有fx、fy、fd、k等项。

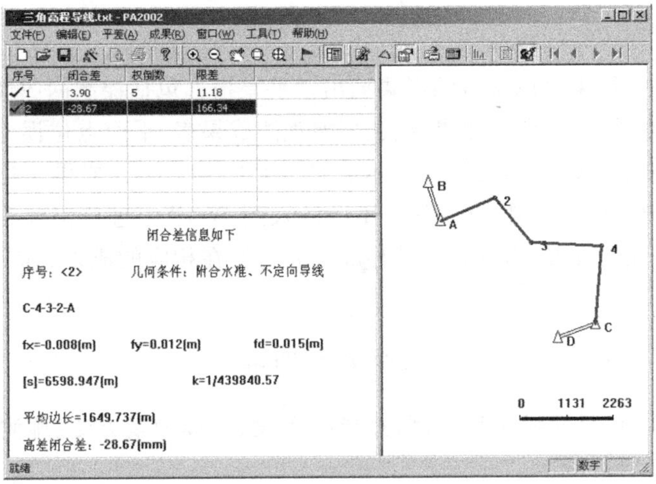


图3-17　闭合差计算

在闭合差计算过程中“序号”前面“!”表示该导线或网的闭合差超限,“√”表示该导线或网的闭合差合格,“×”则表示该导线没有闭合差。

若闭合导线中没有fx、fy、fd、[s]、k和平均边长,其原因是该闭合导线数据输入中边长或角度输入不全,必须输入所有的边长和角度。通过闭合差可以检核闭合导线是否超限,甚至可检查到某个点的角度输入是否有错。

(7)平差计算。

用鼠标点击菜单“平差”中的“平差计算”即可进行控制网的平差计算,如图3-18所示。

平面网可按“方向”或“角度”进行平差,它根据验前单位权中误差(单位:度、分、秒)和测距的固定误差(单位:米)及比例误差(单位:百万分之一,即ppm)来计算。

(8)平差报告的生成与输出。

软件对数据可进行精度分析,精度统计主要统计在某一误差分配的范围内点的个数。在直方图统计表中可以看出在误差区分配的点的数量，线形图统计表中可以看出误差点的线性变化。软件还可以进行网形分析。分析结果可以看到最弱边(点)的信息、边长信息，以及角度信息。

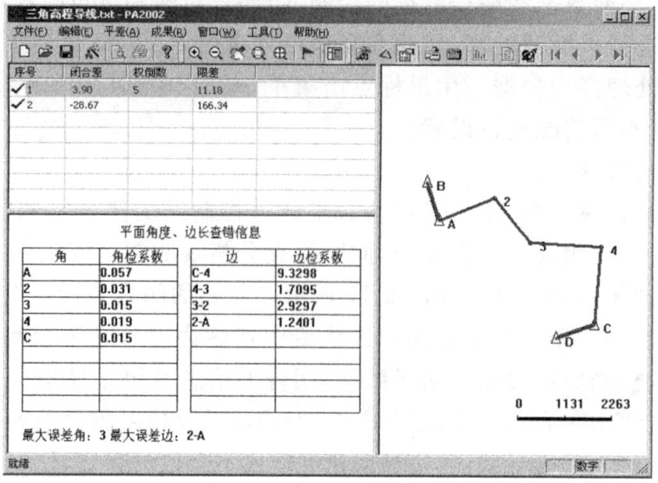


图 3-18 平差计算

软件对最终的平差结果可以报告的形式输出。平差报告包括控制网属性、控制网概况、闭合差统计表、方向观测成果表、距离观测成果表、高差观测成果表、平面点位误差表、点间误差表、控制点成果表等，也可根据自己的需要选择显示或打印其中某一项。成果表打印时其页面也可自由设置，它不仅能在 PA2005 中浏览和打印，还可输入到 Word 中进行保存和管理。输出平差报告之前可进行报告属性的设置，需要打印某种成果表时就在相应的成果表前打“√”即可。

## 职业能力训练

训练一：通过具体图根导线工程案例，按导线布设、选择测量方法、施测、导线平差，成果输出的操作顺序进行实训。

训练目标：通过训练，在全站仪图根导线的布设形式及施测方法、平差软件的使用方法等方面具备本单元教学所要求的职业能力。

## 单元小结

本单元主要介绍了图根控制测量常用的一步测量法、支站法等作业方法。图根导线观测以后，成果还要进行平差处理才可以用于测图，因此又讲解了常用导线的严密平差方法，并且介绍了用南方平差易软件对附合导线进行平差处理的方法。

## 思考与练习题

1. 什么是全站仪导线？
2. 全站仪导线是如何施测的？

3. 简述什么是一步测量法。

4. 什么是支站法？它要注意些什么问题？

5. 单一附合导线如图 3-19 所示，由 $AB$ 测到 $CD$，观测了 4 个角度和 3 条边长。已知数据和观测值见表 3-7、表 3-8，试用南方平差易软件计算各导线点的坐标平差值及点位精度。

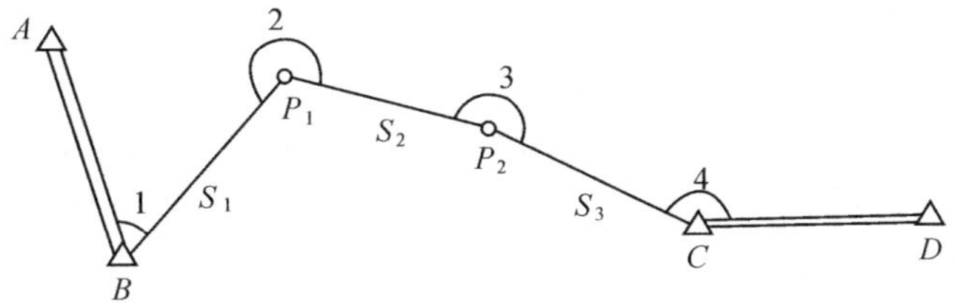


图 3-19　单一附合导线示意图

**表 3-7　已知数据表**

| 点名 | 坐　标/m | | 方位角/(° ′ ″) | |
|---|---|---|---|---|
| | X | Y | | |
| $B$ | 3 143.237 | 5 260.334 | $\alpha_{AB}$ | 170 54 27.0 |
| $C$ | 4 157.197 | 8 853.254 | $\alpha_{CD}$ | 109 31 44.9 |

**表 3-8　观测数据表**

| 角号 | 角度观测/(° ′ ″) | 角号 | 角度观测/(° ′ ″) | 边号 | 边长观测值/m | 边长观测值中误差/m |
|---|---|---|---|---|---|---|
| 1 | 44 05 44.8 | 3 | 201 57 34.0 | 1 | 2 185.070 | 3.3 |
| 2 | 244 32 18.4 | 4 | 168 01 45.2 | 2 | 1 500.017 | 2.2 |
| 测角中误差 $\sigma_\beta=2.5''$ | | | | 3 | 1 009.021 | 1.5 |

# 单元四　野外数据采集

[单元概述]

本单元主要讲述利用大地测量仪器和GPS进行野外数据采集的方法，还介绍了电子平板测图野外数据采集方法，以及编码设计与编码作业方法，通过基于具体实训项目的实操训练，把学到的原理与方法应用到实际项目中。

[学习目标]

通过本单元的学习，应熟练掌握利用全站仪和GPS-RTK进行野外数据采集，能熟练完成实际的数字测图工程任务。

## 任务一　全站仪野外数据采集

### 一、野外数据采集的方法和要求

野外数据采集就是测定野外地形的地物点、地貌点的平面位置和高程，并收集记录其相关信息，供内业成图使用。

**(一)数据采集的基本方法**

数据采集的方法很多，主要可概括为以下四种方法。

1.极坐标法

如图4-1(a)所示，根据已知控制点$A$、$B$测出角度$\beta$和距离$d$，据此确定地形点$P$的位置。例如，利用全站仪测量碎部点采用的就是典型的极坐标法，全站仪可将观测值直接换算成坐标，再根据坐标确定点位。

2.相对坐标定位法

当采用GPS-RTK技术测量时，则利用空中卫星信号和控制点坐标联合解算出地形点的坐标和高程，从而达到定位的目的。

3.方向交会法

如图4-1(b)所示，根据控制点$A$、$B$和$C$、$D$测得角度$\beta_1$、$\beta_2$，由$\beta_1$、$\beta_2$交会出地形点$P$的位置。

4.方向与距离交会法

如图4-1(c)所示，根据$A$、$B$测得角度$\beta$和从已确定的点$C$测得距离$d$，由方向$AP$和距离$d$交会出地形点$P$的位置。

现今数字测图确定地形点点位的主要方法就是全站仪极坐标法和GPS的相对坐标定位法，方向交会法和方向与距离交会法主要用于配合上述两种方法对不易到达或隐蔽地物进行测绘。碎部点的高程在全站仪极坐标法中应用三角高程法确定，在GPS相对定位坐标法中根据空间坐标换算得到。

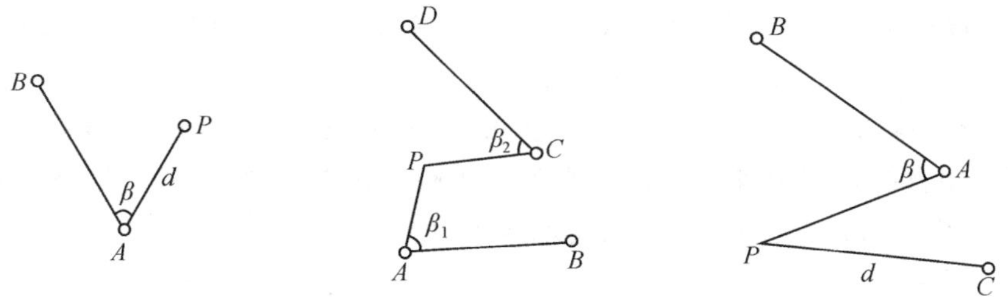


(a) 极坐标法　(b) 方向交会法　(c) 方向与距离交会法

图 4-1　测定地形点的基本方法

### (二)地形图的精度要求

碎部点的测量精度直接影响地形图的精度,地形图的精度是以地物点相对于邻近图根点的位置中误差和等高线相对于邻近图根点的高程中误差来衡量的,这两种误差应不大于表 4-1 中规定的误差。

**表 4-1　地形图的精度要求**

| 测区类别 | 点位中误差 | | 等高(深)线的高程中误差 | | | |
|---|---|---|---|---|---|---|
| | 图上 | 实地 | 平坦地 | 丘陵地 | 山地 | 高山地 |
| 一般地区 | ±0.8 mm | 70 mm | $1/3 \cdot h_d$ | $1/2 \cdot h_d$ | $2/3 \cdot h_d$ | $h_d$ |
| 城镇建筑区、工矿区 | ±0.6 mm | 50 mm | | | | |
| 水域 | ±1.5 mm | — | $\alpha<3^\circ$ | $3^\circ\leqslant\alpha<10^\circ$ | $10^\circ\leqslant\alpha<25^\circ$ | $\alpha\geqslant25^\circ$ |
| | | | $1/2 \cdot h_d$ | $2/3 \cdot h_d$ | $h_d$ | $3/2 \cdot h_d$ |

注:表中 $h_d$ 为基本等高距(m);$\alpha$ 为水底地形倾角。

### (三)控制点与碎部点间最长距离的规定

为了保证测量的碎部点坐标和高程精度,《工程测量规范》(GB 50026—2007)规定了控制点与碎部点的最大距离。表 4-2 列出了几种大比例尺地形图采用不同测量方法的最大距离值。

**表 4-2　地形点间距、控制点与碎部点的最大距离**

| 比例尺 | 地形点间距/m | 经纬仪最大视距/m | | | | 全站仪最大测距/m | | GPS 基站与移动站距离/m |
|---|---|---|---|---|---|---|---|---|
| | | 地物点 | | 地形点 | | 地形点 | 碎部点 | 碎部点 |
| | | 一般区 | 建筑区 | 一般区 | 建筑区 | | | |
| 1∶500 | 15 | 60 | — | 100 | 70 | 160 | 300 | 10 000 |
| 1∶1 000 | 30 | 100 | 80 | 150 | 120 | 300 | 450 | |
| 1∶2 000 | 50 | 180 | 150 | 250 | 200 | 450 | 700 | |
| 1∶5 000 | 100 | 300 | — | 350 | — | 700 | 1 000 | |

### (四)地形测量的综合取舍

地形图是实际地形的缩绘,因此在测图时就应根据测图比例尺及用图要求,对错综复杂的地形进行综合取舍、合理选择,恰如其分地反映在图纸上,以达到图面清晰易读、符号位置正确、地形主次分明的目的。测图比例尺不同,其取舍要求也不一样,大比例尺测图就要测得多些,舍去得少,小比例尺测图相对来说就要测得少些,舍去得多。成图质量的优劣与合理取舍有很大的关系，取舍不当不是使图面不清晰，就是使图面失真。地物地貌的取舍没有严格的统一标准规定，一般的地形测图可参照下列要求取舍。

(1)主要建筑物轮廓线的凸凹在图上大于 0.4 mm 时要表示出来，简易建筑物凸凹小于 0.6 mm 时可以用直线连接起来；对于工矿区现状图的测量，《工程测量规范》(GB 50026—2007)规定了建(构)筑物的细部点选取的技术要求，见表 4-3。

(2)在图上宽度小于 1 mm 的带状地物，可以用单线表示或用规定的符号描绘。

(3)山头最高点、鞍部、洼地的最低点，山脊线、山谷线的坡度变化点和方向变化点，地面坡脚线的转折点等地面特征点都要测定。

(4)无明显坡度变化的地面，图上地形点间隔约为 3 cm 左右。表 4-2 第二栏列出了几种大比例尺测图在一般情况下地形点间隔的实地距离。

**表 4-3 不同地物细部点选取的技术要求**

| 地物类别 | | 坐标 | 标高 | 其他技术要求 |
|---|---|---|---|---|
| 建筑物构筑物 | 矩形 | 主要墙角 | 主要墙外角、室内地坪 | — |
| | 圆形 | 圆心 | 地面 | 注明半径、高(深)度 |
| | 其他 | 墙角、主要特征点 | 墙外角、主要特征点 | — |
| 地下管道 | | 起、终、转、交叉点的管道中心 | 地面，井台，井底，管顶，下水出、入口管底或沟底 | 经委托单位挖开后施测 |
| 架空管道 | | 起、终、转、交叉点的支架中心 | 起、终、转、交叉点，变坡点的基座面或地面 | 注明通过铁路、公路的净空高 |
| 架空电力线路、电信线路 | | 铁塔中心，起、终、转、交叉点杆柱的中心 | 杆(塔)基座面或地面 | 注明通过铁路、公路的净空高 |
| 地下电缆 | | 起、终、转、交叉点的井位或沟道中心，入地处、出地处 | 起、终、转、交叉点，入地点、出地点、变坡点的地面和电缆面 | 经委托单位挖开后施测 |
| 铁路 | | 车挡、岔心、进厂房处、直线部分每 50 m 测一点 | 车挡、岔心、变坡处、直线每 50 m 一点、曲线内轨每 20 m 一点 | — |
| 公路 | | 干线交叉点 | 变坡处、交叉点，直线段每 30～40 m 一点 | — |
| 桥梁、涵洞 | | 大型的四角点、中型的中心线两端点、小型的中心点 | 大型的四角点，中型的中心线两端点，小型的中心点，涵洞进出口底部高 | — |

注：建(构)筑物轮廓凸凹部分大于 0.5 m 时，应丈量细部尺寸；厂房门宽大于 2.5 m 或能通行汽车时，应实测位置。

## 二、全站仪野外数据采集

全站仪野外数据采集就是利用全站仪在野外测量地形特征点的点位，通过内存(或电子手簿)记录被测点的信息，用草图、笔记或简码记录其他绘图信息，到室内将测量数据下载到计算机中，通过数字成图软件进行编辑成图。由于该方法操作简便容易、野外作业时间短，测绘人员多数采用这种方法。数据采集主要分为无码作业和有码作业(简码)，现分述如下。

### (一)无码作业

无码作业是指用全站仪测定地形点的定位信息($X,Y,H$)并自动记录于内存储器或电子手簿，手工记录地形点的属性信息与连接信息。该方法适合两人甚至三人同时立镜跑点，野外采集数据速度快、效率高。此种作业方法需要一个有较强业务能力的人绘制观测草图或记录地形点信息。

1. 准备工作

进行全站仪野外数据采集所需要的仪器和工具如下。

(1)充好电的全站仪一套(主机、三脚架、棱镜和对中杆若干)。

(2)对讲机若干,小钢尺一个,标志服若干。

(3)控制点的数据(若采用一步测量法则可要可不要),记录本和笔若干。

2. 野外作业人员安排

根据全站仪野外数据采集的特点,一个作业组的人员可以配置为观测员一名、立棱镜跑尺员两至多名。

3. 野外实施

(1)将全站仪架设在已有的测图控制点上,安置完后,设置(或进入)作业正确则回车确认。

(2)设置测站,输入测站点点号,输入或调用测站点坐标($X,Y,H$),核对正确后回车确认。

(3)用小钢尺量取仪器高并输入,正确后回车确认。

(4)进行坐标定向,输入定向点点号,输入或调用定向点坐标($X,Y,H$),回车确认后,全站仪自动反算出定向方位角;用对讲机提醒定向立镜者立直对中杆进行定向,将全站仪精确照准定向点上对中杆后回车确定,定向完成。

(5)照准棱镜中心,输入棱镜高并确认。

(6)按相应的测量键进行测量,之后调出所测坐标与控制点数据进行比较是否正确;也可以在定向完成后,进入放样程序中直接放样定向点来检查 $dA$、$dS$、$dh$(或 $dx$、$dy$、$dh$),该方法可以容易检查出在高差较小的情况下,测站点和定向点数据互换引起的定向错误。

(7)定向检查无误后,开始细部测量。如果本测站采集数据量大,可选定一个明显目标作为第二定向方向并记录,作为测图过程中定向检查之用。

进入测区后,跑尺员首先对测站周围的地形、地物分布情况大概看一遍,做好跑尺计划和分工,一般采用自己跑、自己记、自己画,有时也用一人记多人跑的方法。跑尺过程中,棱镜高度尽量保持一致,减少观测者的数据录入操作,以提高观测速度;若棱镜高度改变了,尽量当时就做好同测站沟通,在仪器上改过来,还应经常与测站相互沟通以保持点号对应。对于复杂地形的处理一是多搬站,二是现场绘制草图,并在现场记录清楚细部点信息,供后续编辑成图使用。细部信息记录表可参照表 4-4 设制。

**表 4-4　细部信息记录表(参考件)**

| 地物 | 连接关系 | 属性信息备注 |
|---|---|---|
| 房屋 | 1-2-左 4.5 m-4-左 3.5 m-6-9-左 12.5 m-1 | 砼 12 |
| 陡坎 | 3-5-7-8 | 左,高 1.6 m |
| 坡脚线 | 11-12-13 | |
| 道路 | 14-16-18-20,对面 1 点 21 | 大车路 |
| 高压线 | 15-17-19 | 110 kV |
| 水涯线 | 22-23-24 | |
| 地类界 | 25-26-27 | 香蕉,甘蔗 |
| 雨水井 | 32-33-34 | 三通,Φ100,深 1.8 m |
| 煤气检修井 | 28-29-30-31 | ZM,Φ30,埋深 1.2 m |
| 独立树 | 35,36,37 | 阔叶 |

在进行地貌测量时，尽量沿等高线跑点，这样可以节省体力；地性线上的点要足够，特征点要尽量测到；测量陡坎时，最好坎上坎下都测点或准确记录坎高，这样才能从数据上保证等高线生成没问题。

一个测站所有细部点测完后，还要找一个已知点重测进行检核，也可瞄准第二定向方向进行方向检核；确定无误后，关机，搬站。到下一测站，重新按以上采集方法和步骤进行施测。

**(二)简码作业**

简码作业与无码作业的测量方法、作业方式相同，唯一不同的是现场在仪器编码行上输入简码(地物特征码、野外操作码)，这样就可以不绘草图或仅绘简单草图，但对观测者的仪器操作输入、跑尺者对地形图的表示方法和简码都要求很熟练。简码测量时，跑尺立镜人数不宜太多，速度主要取决于观测者的操作输入的熟练程度；为了加快进度，尽量跑相同属性的地形点，比如坎 K1、K2，房子 F1、F2 等。熟练者也辅助在细部信息记录表上进行简码编记，数据下载之后，再根据信息记录表上的记录进行添加编辑简码。带简码的数据经内业软件程序识别自动转换为绘图程序内部码，以实现自动绘图。

## 三、电子平板测图野外数据采集

电子平板作业方式主要是利用便携机和测图软件，配合全站仪或 GPS 接收机，在外业边测边绘，同时给地物输入相应属性，直接生成数字图，实现所测即所得。随着计算机技术的发展，便携机的体积功耗越来越小，因此，电子平板的作业模式得以实施。现将电子平板作业模式的作业方法介绍如下。

**(一)准备工作**

1. 电子平板野外作业所需的仪器和工具

进行电子平板测图需要的仪器和设备如下。

(1)安装好绘图软件的便携计算机一台或配套“测图精灵手簿”一个。

(2)充好电的全站仪一套(主机、三脚架、棱镜和对中杆若干)或 RTK 技术的 GPS 接收机一套。

(3)数据传输电缆一条。

(4)对讲机若干。

2. 野外作业人员安排

根据电子平板作业的特点，一个作业组的人员可以这样配置：仪器观测员一名、计算机绘图员一名、立棱镜跑尺员一至多名。

3. 录入测区的图根控制点坐标

完成测区的各种等级控制测量并得到测区的控制点成果后，便可向系统录入测区的控制点坐标数据，以便野外测图时调用。以 CASS 5.0 系统为例，录入测区的控制点坐标数据可以按以下步骤操作。

(1)在 CASS 5.0 系统中选择下拉菜单“编辑”下的“编辑文本”项，此时命令区显示：“File to edit：”。

(2)从键盘输入控制点坐标数据文件名及完整的存储路径，并回车确认(如文件名为 C:\CASS50\DEMO\KZD. DAT)。如果是已有文件，系统便自动启动记事本的文本编辑器并读入该文件内容，以便进行编辑或输入测区的控制点坐标数据；如果是新建文件名，系统便弹出对话框，提示在所输入的目录中创建该文件。

(3)按规定的碎部点坐标数据文件格式输入控制点的坐标。需要注意的是控制点点号要用数字编号，编码可输可不输，$X$、$Y$、$H$ 应以米(m)为单位，输完控制点的坐标数据后保存文件，然后退出即可。

**(二)电子平板测图野外实施**

完成电子平板测图的准备工作后就可以进行野外的电子平板测图工作。

1. 测站准备

其操作步骤如下。

(1)安置仪器。

先按常规的方法在测站点上对中、整平全站仪；连接好全站仪与便携机间的电缆线，打开全站仪，设置全站仪的通信参数；打开便携机，进入 CASS 5.0 系统，在 CASS 5.0 系统中，选择下拉菜单“文件”下的“CASS 5.0 参数配置”项，系统会弹出一个对话框，在该对话框中点取“电子平板”，屏幕出现如图 4-2 所示的对话框，选定自己所用的全站仪类型并设置通信参数，系统提示重新启动 CASS 5.0，将新配置生效。需要注意的是，上述操作中的仪器通信参数设置好后，在没有改变的情况下迁站后不用重新设置。

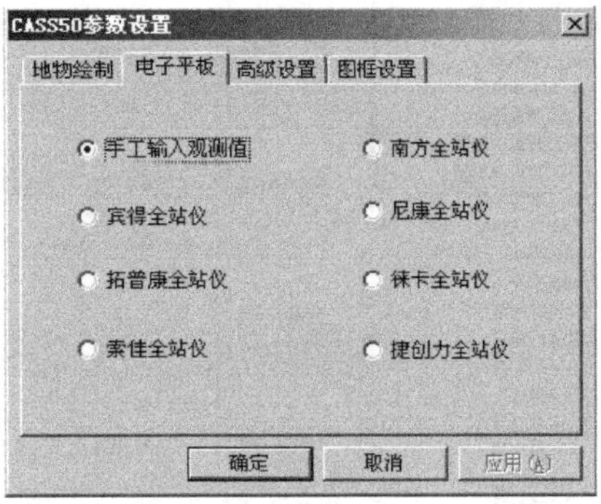


图 4-2　全站仪类型选择对话框

(2)定显示区。

定显示区的作用是根据输入的控制点坐标数据文件的数据大小定义屏幕显示区的大小。其操作在 CASS 5.0 系统中选择下拉菜单“绘图处理”下的“定显示区”项，执行此菜单，会弹出一个对话框，要求输入坐标数据文件，找到准备工作中录入的控制点坐标文件，计算机自动将坐标数据文件内的所有点都显示在屏幕显示的范围内。

(3)测站信息输入。

移动鼠标至屏幕右侧菜单区的“电子平板”项处，确认后，即出现对话框，提示输入测区控制点坐标数据文件名，输入后系统命令区有以下提示。

——“测站点：输入点名($N$)/〈输入坐标〉”：此时应输入该测站点在控制点坐标数据文件中的点号，如无此点应直接输入测站点坐标。

——“定向点：输入点名($N$)/〈输入坐标〉”：此时应输入后视点在控制点坐标数据文件中的点号，如无此点应直接输入该点坐标。

——“输入定向点起始值(0°)”：输入全站仪由测站点瞄向定向点时读数显示窗上显示的水平度盘读数；一般将该方向上全站仪水平度盘读数设置为零，即将全站仪瞄准定向点，水平度盘置零。

——“输入检查点点号”：测定检查点用来检查测站点和定向点输入正确与否，为操作简便一般输入定向点点号作为检查点点号。

——“输入仪器高(米)”：用小钢尺量取仪器高后输入，以米为单位。

输入完毕后，系统将在屏幕上显示检查点的水平角，并在底行显示测站点和定向点坐标，供用户检查所设站是否正确。在命令区提示为

测站点坐标：$X=5\ 473.590\quad Y=4\ 475.215\quad H=1\ 950.82$

定向点坐标：$X=5\ 300.662\quad Y=4\ 599.293\quad H=1\ 951.76$

这样测站设置工作就完成了，此后即可根据实际地形利用 CASS 5.0 系统驱动全站仪测图。

2. 测图操作

在完成测站的准备工作后，便可进行碎部点的采集、测图工作。在测图的过程中，主要是利用系统屏幕的右侧菜单功能进行测图，也可以利用系统的编辑功能（如文字注记、移动、拷贝、删除等）或系统的辅助绘图工具（如画复合线、画圆、操作回退、查询等）进行编辑修改工作。

CASS 5.0 系统中所有地形符号都是根据最新国标的地形图图式、规范编制的，并按照一定的规律分成各种图层，如所有控制点的符号都放在控制点层，所有表示房屋的符号都放在居民地层等。下面以三点房屋的测绘为例说明使用电子平板测图的步骤。

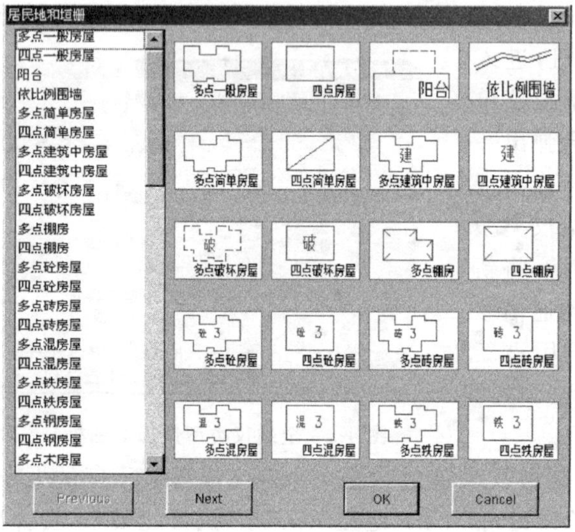

图 4-3　居民地层中的各种房屋

当房屋的形状呈矩形时，可以通过测房屋的三个点或测两个点并量一条边来完成房屋的测量工作。测矩形房屋时，首先将全站仪对准房角的所立棱镜，在计算机的屏幕右侧菜单中选取“居民地”项，系统便弹出如图 4-3 所示的对话框。在对话框中选择“四点房屋”，被选中的图标和汉字都呈高亮度显示。

然后单击确认，系统在命令区显示为

1. 已知三点/2. 已知两点及宽度/3. 已知四点

——“〈1〉”：此时根据测量情况选择绘制方法，如直接回车则默认“已知三点”的方法。

——“输入标高(1.50 m)”：根据实际棱镜高度输入相应的棱镜高，如输入 2.1 m（默认为上一次的值）。

按回车后，系统便驱动全站仪进行测量，系统继续提示：“等待全站仪信号……”。稍后，全站仪便将观测数据传到计算机，并且将该点的$(X,Y,H)$坐标写到控制点坐标数据文件中。同时将所测点在 CASS 5.0 系统的绘图区显示出来。当系统再次出现“输入标高”的提示时，便测完一个碎部点，此时将仪器瞄向第二个房角点。

当全站仪将三个房角点的观测数据全部传到计算机时，瞄准后根据系统提示继续进行操作，系统便自动在图形编辑区内把简单房屋的符号展绘出来。

3. 作业注意事项

(1)在测图过程中，为防止意外应该每隔 10～20 分钟存盘，这样即使在中途因误操作或其他原因死机，也不至于前功尽弃。

(2)镜高是默认为上一次的值。当测某些不需要参与等高线计算的地物（如房角点）时，在系统提示输入镜高时一定要输入零。

(3)跑尺员在野外立尺时，应尽可能将同一“地物编码”的地物连续立尺，以减少在计算机处来回切换操作。

(4)测定碎部点的定点方式分全站仪定点方式和鼠标定点方式两种，可通过屏幕右侧菜单的“方式转换”项切换。全站仪定点方式是根据全站仪传来的数据算出坐标后成图；鼠标定点方式是利用鼠标在图形编辑区直接绘图。

(5)全站仪观测员，在测图过程中，负责照准棱镜，然后提示绘图员是否已照准及照准点的地物属性类型，由绘图员在 CASS 5.0 系统中驱动全站仪进行测量。

总之，采用电子平板的作业模式测图时，首先要准备好测站的工作，然后再进行碎部点的采集；测地物就要在屏幕右侧菜单中选择相应图层中相应的图标符号，根据命令区的提示进行相应的操作，即可将地物点的坐标测出，并在屏幕编辑区里展绘出地物的符号，实现所测即所得。

电子平板由于其灵活的工作方式、直观的测图效果受到了广大测绘工作者的喜爱。但是由于电子平板在硬件方面要求的配置高，同时受到便携机的供电、防尘、防水等限制，在野外条件恶劣情况下甚至不能采用，与草图作业模式比较，野外工作相对繁重。实际用户选择作业模式，应综合考虑各项因素，选择更经济、方便的作业模式。

当利用 RTK 进行电子平板测量时，一般将绘图软件直接安置在 RTK 的采集器内，可实行直接成图，不需要电缆等与手簿的连接，操作更方便简单。若采用的全站仪是 Windows 操作系统，全站仪内也可安置绘图软件，可直接在全站仪的显示屏幕内进行电子平板测图。

# 任务二　南方 RTK 野外数据采集方法

## 一、仪器安置

### (一)安置基准站

现以南方 S86 RTK 为例说明基准站操作步骤。

#### 1. 内置电台

S86 采用国际水平的核心数据链革新技术集成，将 0.5～2 W 的 UHF 发射电台嵌入基准站主机，实现典型作业距离 2～5 km，使得基准站摆脱沉重电瓶和线缆并实现全无线作业。同时主机内置的双锂电池组能保障内置电台发射 10 小时，可以满足大部分测量的需求。采用内置电台测量时，将基准站主机安置在测区内点位较好的点上，顶部安装 450 MHz 全向天线，然后打开基准站 GPS 主机电源开关，如图 4-4 所示。

#### 2. 外置电台(外接模块)

当作业距离基准站较远，内置电台无法满足要求时，可以根据实际情况选配 2～5 W 或 15～25 W的外接电台。

采用外接模块测量时，将基准站主机安置在测区内点位较好的点上，在其旁边安置外接数据链天线(电台)，用多功能电缆线将主机、电台和配置的电瓶连接起来，如图 4-5 所示。然后分别打开配置的电瓶开关、GPS 主机电源开关和数据链开关。

### (二)基准站设置

在设置模式下设置为基准站模式。S86 默认上次关机时的模式，若上次关机已经设置为基准站模式，则开机后直接为基准站模式，不需要再设置，开机后直接显示如图 4-6 所示界面。在此界面中按 F1 键进入“启动”基准站设置界面，如图 4-7 所示。

图 4-4 内置电台基准站安置图

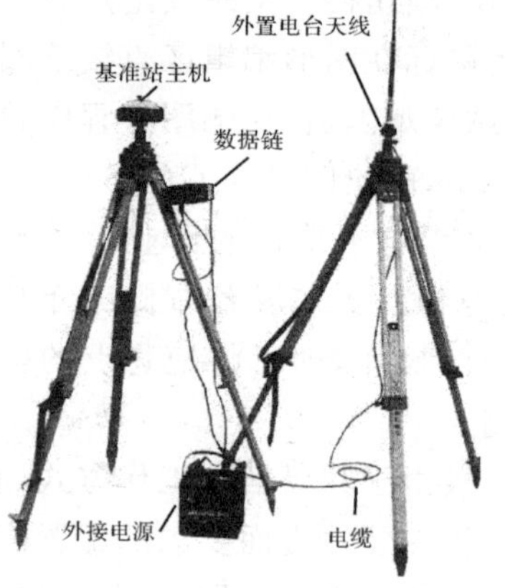


图 4-5 外置电台基准站安置图

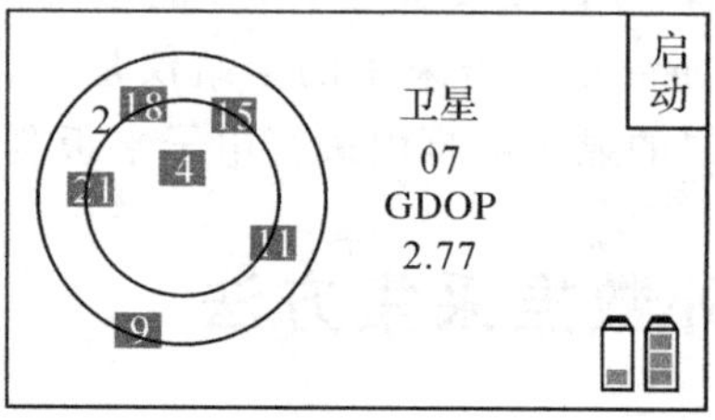


图 4-6 基准站设置界面 1

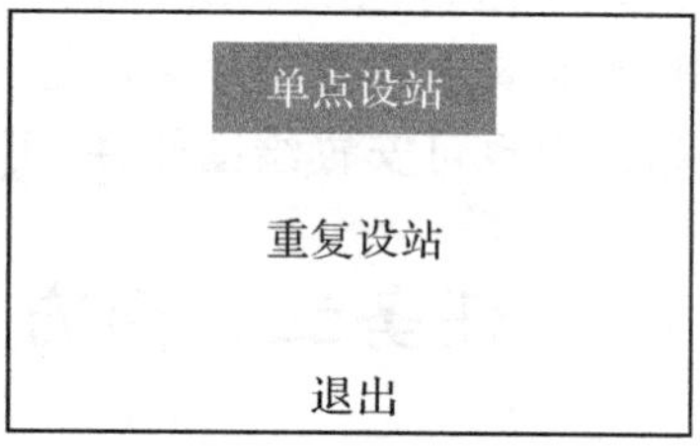


图 4-7 基准站设置界面 2

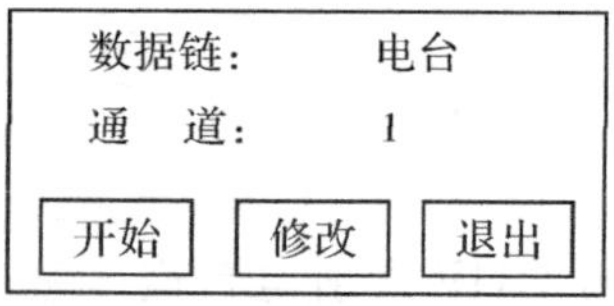


图 4-8 电台和通道设置界面

此时，按 F1 或 F2 键可进行选择，选择“单点设站”即以当前点信息进行设站（一般选择单点设站）；如果前次测量时基准站位置和现在所在位置相同，则可选“重复设站”。选择完毕后确认所选项，进入如图 4-8 所示的电台和通道设置界面。

在此界面可以选择电台类型和信号通道，选择完毕后，选择“开始”并按确认键，如果启动时已搜集到四颗以上卫星且 GDOP 值（空间卫星与测站组成的三维图形强度因子）较小，则显示“基准站启动”，否则显示“GPS 坐标未确定”。

显示“基准站启动”后，当基准站内置电台正常工作时，GPS 主机上“DATA”灯和外接电台上“TX”灯同时按发射间隔闪烁。至此，基准站设置完毕。

注意：若基准站主机上次设为基准站模式，则安置后打开电源，按屏幕提示“启动”即可。

**（三）移动站安置**

1. 安置移动站

基准站设置完毕后，将移动站主机安置在对中杆上，并连接450 MHz全向天线，打开移动站主机电源，移动站安置如图 4-9 所示。

2. 运行工程之星 2.0 软件

工程之星 2.0 软件是安装在美国 PISON 工业手簿上的，该手簿可以实现与 S86 接收机的蓝牙连接。打开手簿，运行工程之星 2.0 软件，方法类似于 Windows 操作系统执行桌面的文件，则手簿屏幕显示如图 4-10 所示。

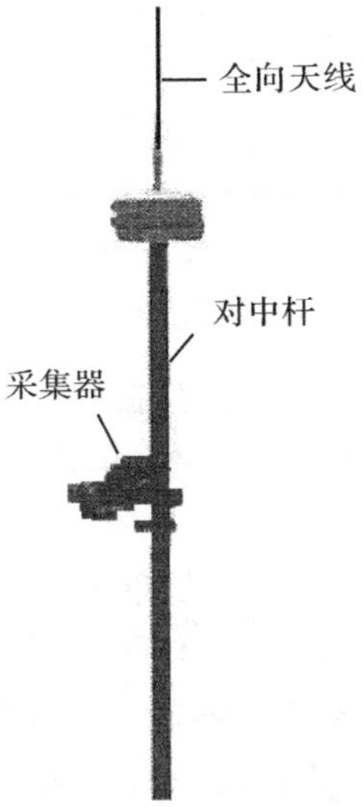


图 4-9　移动站安置图

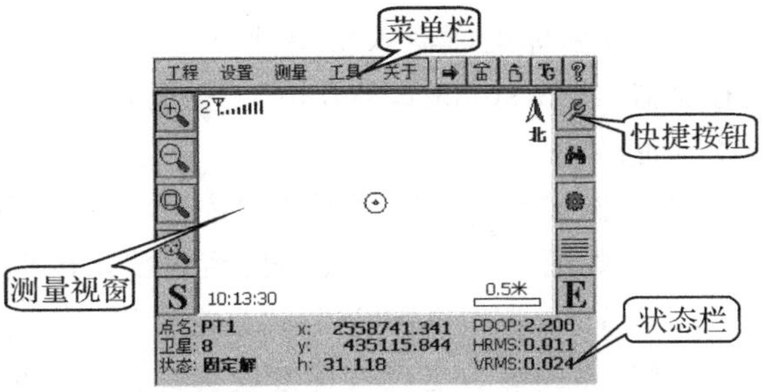


图 4-10　工程之星 2.0 软件主界面图

打开工程之星 2.0 软件后，若未出现蓝牙连接，即主界面上无电台信号闪烁或者状态处不显示“固定解”，此时需要进行手簿的蓝牙配置。蓝牙设置步骤：开始→设置→控制面板→蓝牙设置属性→搜索→屏幕显示搜索到的所有蓝牙设备，选择移动站接收机型号(例如 2194)→服务→ASYNC→活动→COM7→OK。

在工程之星 2.0 软件主界面的下拉菜单上，选择：设置→连接仪器→○连接方式→CF 蓝牙→⊙输入端口-7→连接。

此外，还应该注意电台通道号与基准站一致，选择：设置→电台设置→切换通道号。

完成以上步骤后，工程之星 2.0 软件应该显示如图 4-10 所示的主界面，即能接收到基准站电台信号，“状态”的主界面处显示“固定解”。此时，移动站 GPS 主机上“RX”灯和“DATA ”灯按发射间隔闪烁，“BT”灯在蓝牙接通后常亮。表 4-5 为 S86 在各种模式下指示灯状态说明。

**表 4-5　S86 指示灯作用状态说明**

| 指示灯 | 功能 | 作用 | 状态 |
|---|---|---|---|
| “DATA”灯 | 数据传输灯 | 按采集间隔或发射间隔闪烁 | 静态、基准站、移动站正常后闪烁 |
| “TX”灯 | 发信号指示灯 | 按发射间隔闪烁 | 基准站正常后闪烁 |
| “RX”灯 | 收信号指示灯 | 按发射间隔闪烁 | 移动站正常后闪烁 |
| “BT”灯 | 蓝牙灯 | 蓝牙接通时常亮 | 移动站蓝牙连通后常亮 |

3. 工程之星 2.0 软件测量操作步骤

(1)新建工程。

选择“工程”→“新建工程”，如图 4-11 所示；单击“新建工程”，出现新建作业的界面，如

图 4-12 所示。新建作业的方式有向导和套用两种，下面介绍如何用向导建立工程。

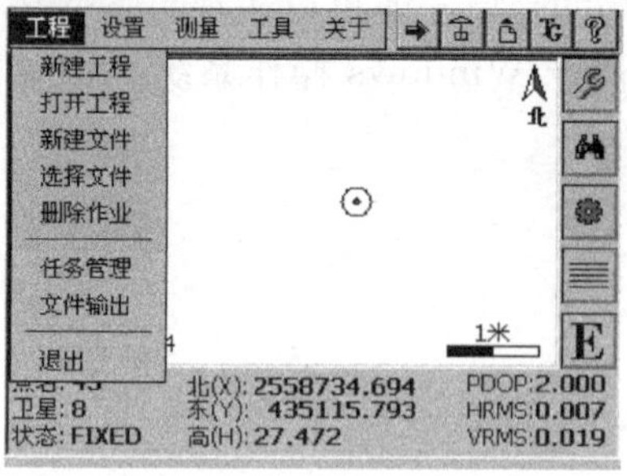


图 4-11 新建工程界面

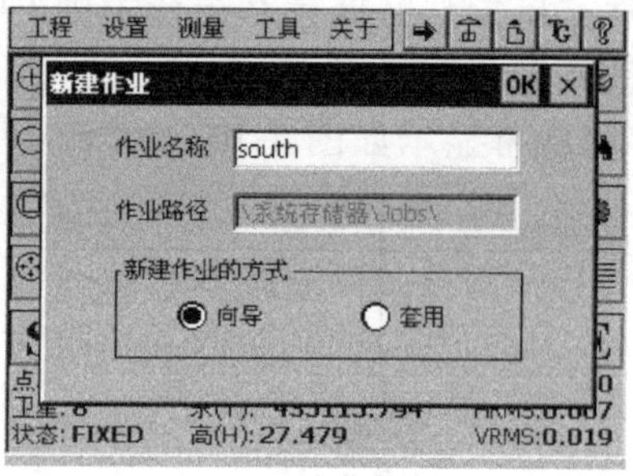


图 4-12 输入工程名界面

首先在作业名称里面输入所要建立工程的名称，新建的工程将保存在默认的作业路径“\系统存储器（或 SystemCF）\Jobs\”里面，选择新建作业的方式为向导，单击“OK”进入坐标系选择界面，如图 4-13 所示。

然后，单击椭球系名称后面下拉的按钮，选择工程所用的坐标系，然后单击“下一步”，出现投影参数界面，如图 4-14 所示。说明：系统默认的椭球为“北京 54”，可供选择的椭球系还有“国家 80”、“WGS-84”、“WGS-72”和“自定义”一共五种。如果选择的是常用的标准椭球系如“北京 54”，椭球系的参数已经按标准设置好并且不可更改；如果选择用户自定义，则需要用户输入自定义椭球系的长轴和扁率以定义椭球。

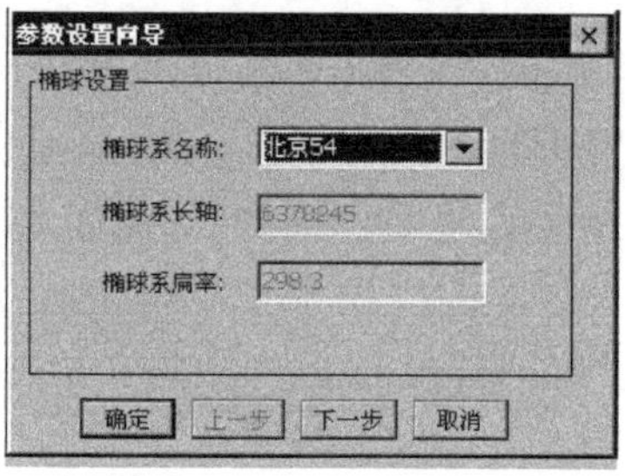


图 4-13 坐标系选择界面

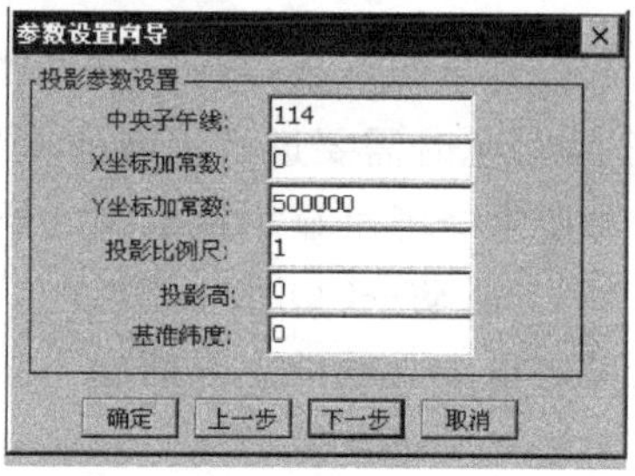


图 4-14 投影参数设置

输入设置参数后，单击“确定”表明工程建立完毕。单击“上一步”，回到上一个界面。说明：开始测量前需要新建一个工程，工程文件将保存在“\系统存储器（或 SystemCF）\Jobs\”目录下，在 Jobs 目录下以作业名命名的文件夹里将会生成 data 和 resuh 两个文件夹。

（2）将基准站架设在未知点。

利用“求转换参数”计算四参数和高程拟合参数的步骤如下。

第一步，移动站在固定解的状态下测出两个已知控制点的 WGS-84 坐标并保存。

第二步，利用“求转换参数”计算四参数和高程拟合参数。选择“设置”→“求转换参数”，出现如图 4-15 所示界面。

在如图 4-15 所示界面中，单击“增加”，出现如图 4-16 所示界面。根据提示输入控制点的已知平面坐标后，单击右上角的“OK”进入如图 4-17 所示的增加已知点原始坐标路径选择界面。此时，选择原始坐标的录入方式，如单击“从坐标管理库选点”，出现如图 4-18 所示的界面。选取前面已采集的已知控制点的 WGS-84 坐标，单击右上角“OK”，出现如图 4-19 所示界面。确定无误后点“OK”，单击“增加”，重复上面的步骤，增加另外的点。

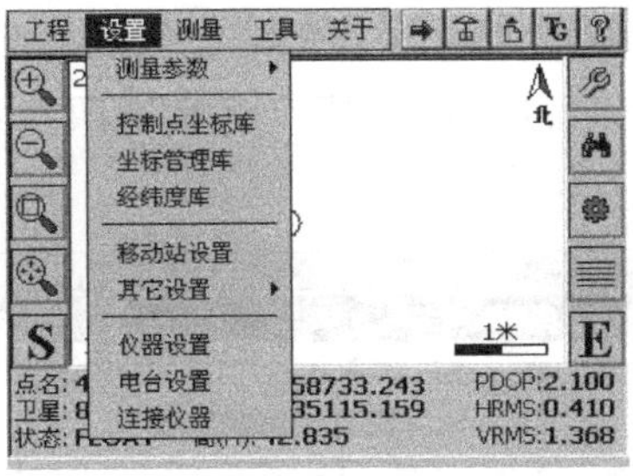


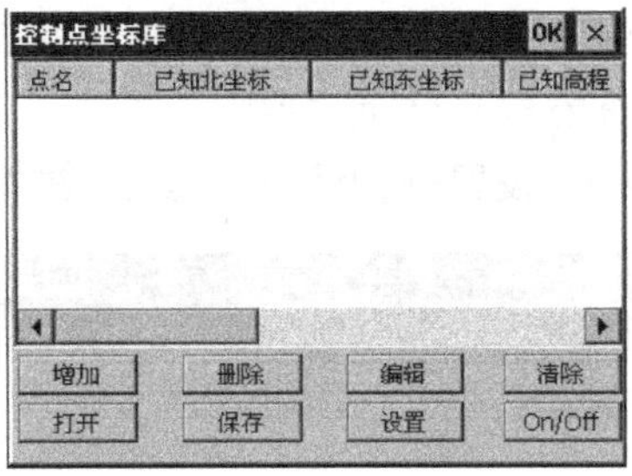


图 4-15　求转化参数界面

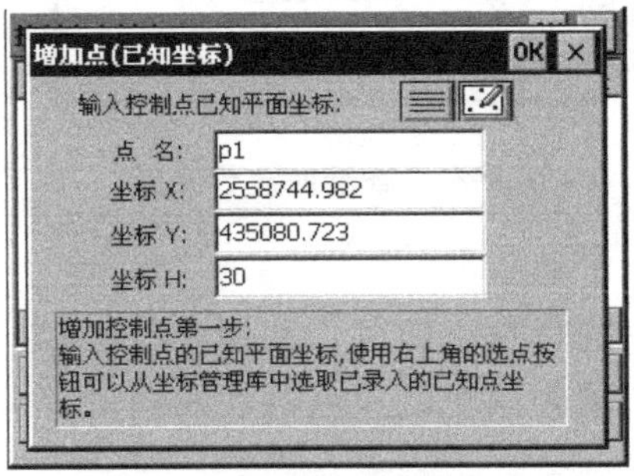


图 4-16　输入已知北京 1954 或国家 1980 坐标

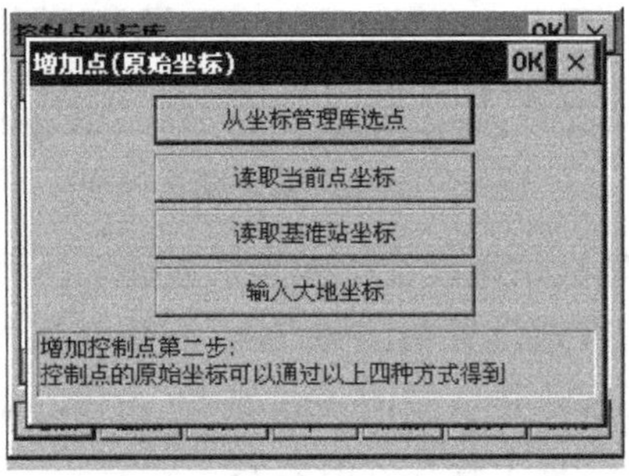


图 4-17　增加已知点原始坐标路径选择

图 4-18　增加点的原始坐标显示

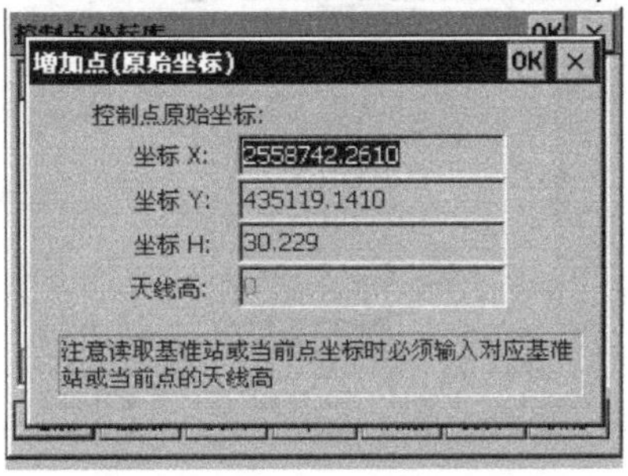


图 4-19　控制点的原始坐标显示

所有的控制点都输入以后，向右拖动滚动条，查看水平精度和高程精度，确定无误后，单击“保存”，出现如图 4-20 所示界面。选择参数文件的保存路径并输入文件名，建议将参数文件保存在当前工程下 result 文件夹，保存的文件名称以当天的日期命名。完成之后单击“确定”，出现如图 4-21 所示的界面。

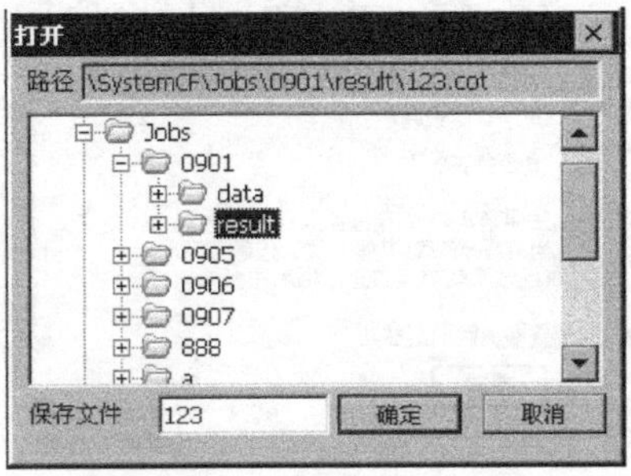


图 4-20　保存控制点参数文件

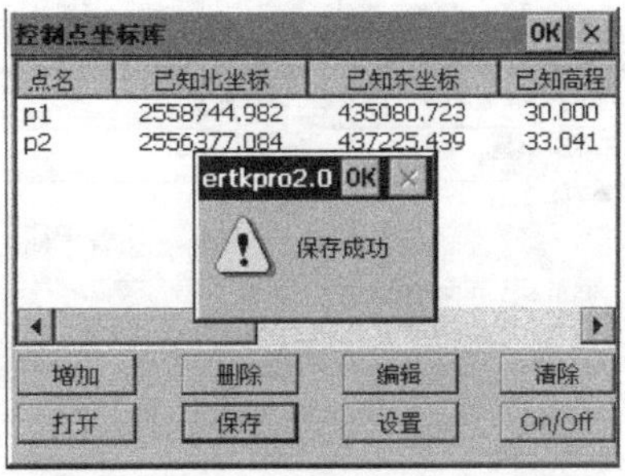


图 4-21　保存成功提示界面

单击“保存成功”小界面右上角的“OK”，四参数已经计算并保存完毕。完成后出现完毕界面，在此可查看校正精度，如图 4-22 所示。此时单击右上角的“OK”即可启用四参数，参数启用后可以点击“设置→测量→四参数”进行查看，如图 4-23 所示。

图 4-22 查看校正精度界面

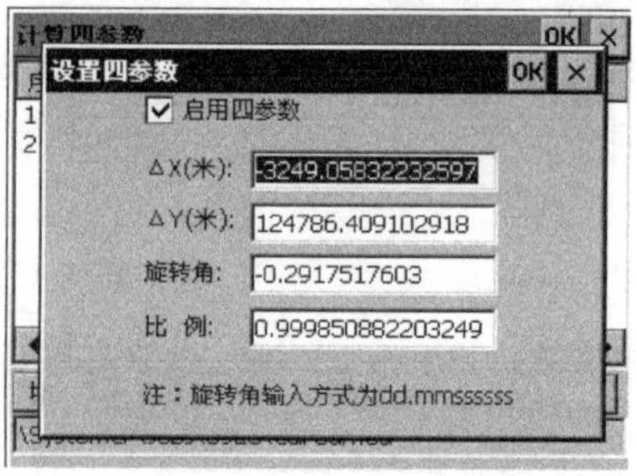


图 4-23 查看四参数界面

(3)基准站架设在已知点的校正。

若基准站设置在已知点上，利用基准站的已知点进行校正即可。利用“校正向导”计算三参数和高程改正参数的步骤如下(当移动站收到基准站架设在已知点自动发射的差分信号以后软件进行以下操作才有效)。

第一步，选择“工具”→“校正向导”，如图 4-24、图 4-25 所示。

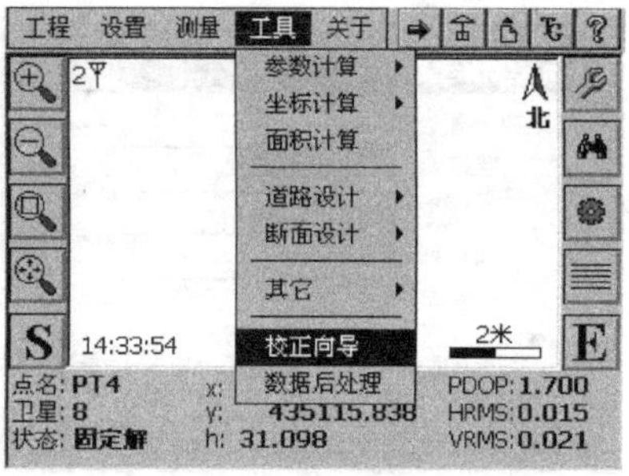


图 4-24 校正向导

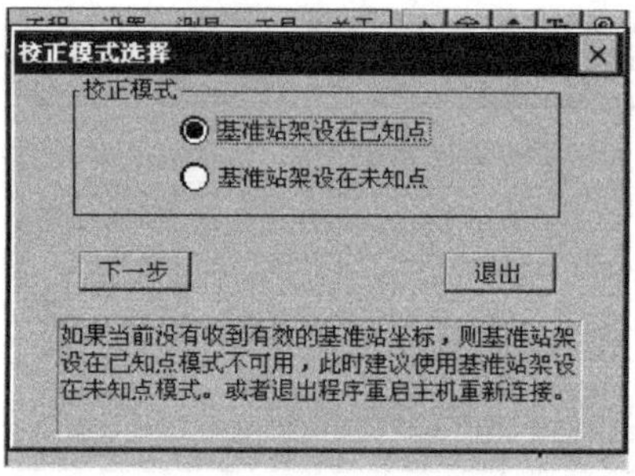


图 4-25 选择校正模式

第二步，选择“基准站架设在已知点”，点击“下一步”后，显示如图 4-26 所示对话框。

第三步，在图 4-26 中，输入基准站架设点的已知坐标及天线高，天线应斜量至测高片的量测点，并且选择天线高形式为斜高，输入完后即可点击“校正”，系统会提示是否校正，如图 4-27 所示，并且显示相关帮助信息。检查无误后，点击“确定”，校正完毕。

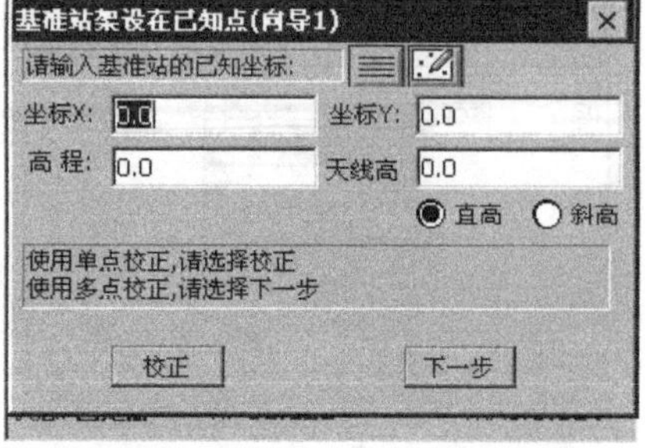


图 4-26 输入基准站坐标

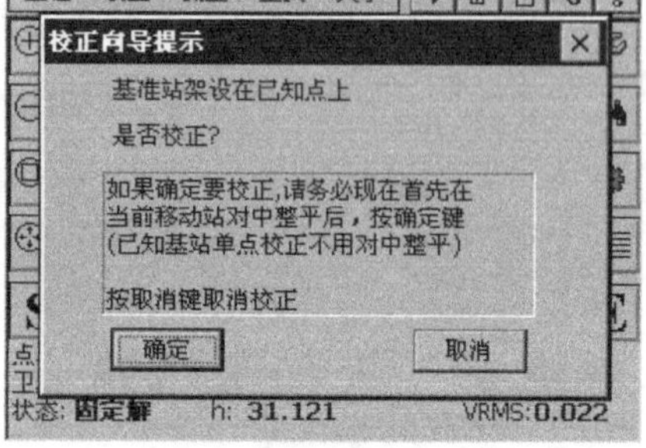


图 4-27 校正确认

实际测量过程中，选择一种基准站的校正方式来完成转换参数设置即可。

## 二、数据采集

无论是基准站架设在已知点上还是未知点上，计算完转换参数和高程参数后就可以直接进行碎部点的数据采集。

将移动站对中杆放置在待测点（碎部点或图根控制点）上，保持对中杆气泡居中，静止数秒，待图 4-10 中出现固定解状态后，即可测量待定点的坐标和高程。

图 4-10 中位置显示的符号有圆圈和三角两种显示方式：当天线位置静止不动或移动的范围小于 2 cm 时，以带中心点的圆圈表示；当天线移动的时候，显示位置为三角形，三角形的锐角方向为移动的方向。

操作："测量"→"目标点测量"（如图 4-28 所示），或按快捷键即采集器键盘"A"，弹出如图 4-29 所示对话框。

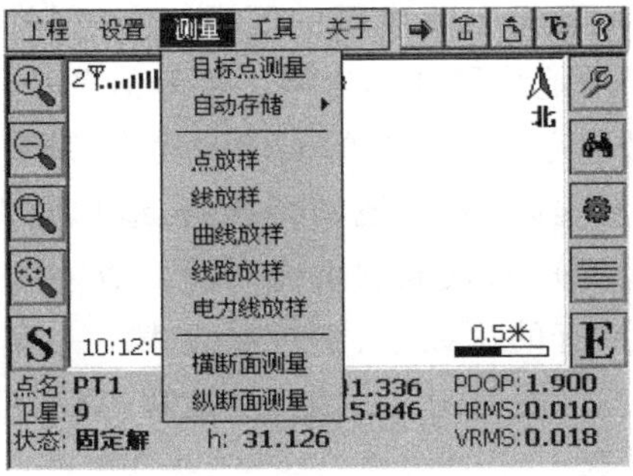


图 4-28　测量界面

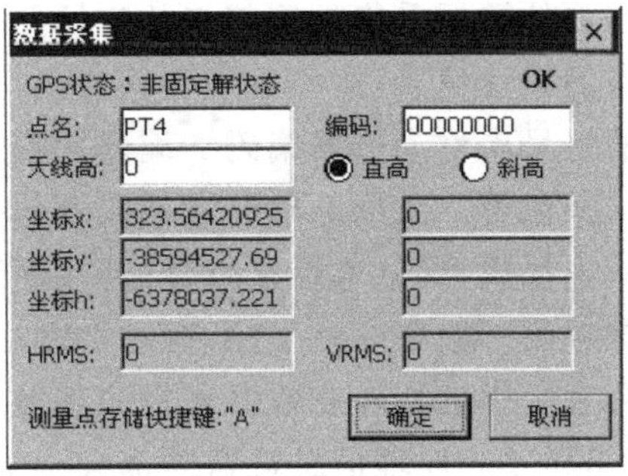


图 4-29　测量点存储界面

在此存储当前点坐标，默认点名为 PT1（可改），输入天线高后按"确定"，即可将该点位置信息保存在"坐标管理库"中。继续存点时，点名将自动累加。此界面中可以看到的高程为天线相位中心的高程，当这个点保存到"坐标管理库"中后，软件会自动减去天线高。外业记录参考全站仪的碎部测量信息记录实施。

当整个作业完成或欲收工，分别在基准站和移动站退出采集软件，然后关闭电源，拆除连接电缆，最后仪器装箱。

## 三、数据传输

将数据卡从采集器中取出，插入计算机数据卡接口直接读取测量数据。

# 任务三　其他仪器野外数据采集

## 一、电子经纬仪＋测距仪野外数据采集

在没有全站仪和 RTK 的情况下还可能用以下的方式进行野外数据采集：将电子经纬仪测得的角度与测距仪测得的距离进行综合处理，计算出坐标等信息，如果电子经纬仪及测距仪有相应的输出接口与电子手簿相连，则有关计算可自动进行。

这种采集方式与全站仪的采集方式精度基本相同。只是电子经纬仪及测距仪没有相应的

输出接口与电子手簿相连时，相关的计算就不能自动进行，就要求手工记录碎部点的点号、方位角(或水平角)、竖直角、斜距、镜高及测站仪器高；或者要求用程序计算器现场边测边算，直接记录三维坐标，编制碎部点信息表，绘制草图，从而进行内业数字成图。

### 二、经纬仪＋地形尺野外数据采集

如果测距仪都没有的情况下，就只能用普通的经纬仪与地形尺采用视距测量的方法进行采集，同上一种方法记录方式一样，其精度和自动化要低一些。

## 任务四　数字测图野外数据采集与编码设计

### 一、野外编码基本原测

仅有野外数据采集的碎部点的坐标并不能满足计算机自动成图的要求，还必须将记录下的地物点的属性信息，按一定规则构成的符号串来表示地物属性和连接关系等信息，这种有一定规则的符号串称为数据编码。编码设置的作用，是确定将要绘制的实体的代码、线型或者符号、图层、颜色等。数据编码的基本内容包括地物要素编码(或称地物特征码、地物属性码、地物代码)、连接关系码(或连接点号、连接序号、连接线型)、面状地物填充码等。数字测图系统内的数据编码一般在6～11位，有的全部用数字表示，有的用数字、字符混合表示。编码设计的好坏会直接影响到外业数据采集的难易、效率和质量，而且对后续地形(地籍)资料的交换、管理、使用和建立地理信息资料库都会产生很大的影响。

《大比例尺地形图机助制图规范》(GB 14912—94)规定，野外数据采集编码的总形式为地形码＋信息码。地形码是表示地形图要素的代码。地形码可采用《1∶500、1∶1 000、1∶2 000地形图要素分类与代码》(GB 14804—93)中相应的代码，也可采用汉语拼音速写码、键盘菜单及混合编码等。当采用非标准编码形式时，经计算机处理后，要转换为符合GB 14804—93规定的地形图要素的代码由4位数字码组成，共分为9个大类，并依次细分为小类、一级和二级。信息码是表示某一地形要素测点与测点之间的连接关系。随着数据采集的方式不同，其信息编码的方法各不相同。无论采用何种信息编码，应遵循有利于计算机对所采集的数据进行处理和尽量减少中间文件的原则。

数字测图中的数据编码要考虑的问题很多，如要满足计算机成图的需要，野外输入要简单、易记，便于成果资料的管理与开发。目前，国内开发的测图软件已经有很多，一般都是根据各自的需要、作业习惯、仪器设备及数据处理方法等设计自己的数据编码方案，还没有形成固定的标准。数据编码从结构和输入方法上区分，主要有全要素编码、块结构编码、简编码和二维编码。

野外编码是按自己的要求预先设置的简码、代码、线型或符号等的对应表。通过相对应的简码就可以指定代码、线型或者符号、图层，简化编码操作过程中的程序。因此，在野外采用简码进行作业可以提高作业效率。

### 二、南方CASS系统的野外编码

CASS系统的简码作业是一个有代表性的简码输入方案。CASS系统的简码可分为线面状地物代码、关系码和点状地物代码 3 种，每种只有 1～3 位字符组成。其形式简单、规律性强，无需特别记忆，并能同时采集测点的地物要素和拓扑关系。这种作业能够适应多人跑尺（立镜）、交叉观测不同地物等复杂情况。

（1）线面状地物代码（亦称类别码）是按一定的规律设计的，不需要特别记忆。例如，代码 F0、F1、F2……F6 分别表示坚固房、普通房、一般房……简易房，F 取“房”字拼音首字母，0～6 表示房屋类型由主到次。又如，代码 D0、D1、D2、D3 分别表示电线塔、高压线、低压线及通信线。另外，K0 表示直折形的陡坎，U0 表示曲线形的陡坎，X1 表示直折形内部电路，Q1 表示曲线形内部道路，由 U、Q 的外形容易联想到曲线。线面状地物代码详见《CASS 用户手册》。

（2）关系码（亦称连接关系码，见表 4-6）共有 3 种符号“＋”、“－”和“P”配合简单数字来描述测点间的连接关系。其中，“＋”表示连线依测点顺序进行；“－”表示连线依测点相反顺序进行；“P”表示绘平行体。

**表 4-6　描述连接关系的符号含义**

| 符号 | 含义 |
|---|---|
| ＋ | 本点与上一点相连，连线依测点顺序进行 |
| － | 本点与下一点相连，连线依测点顺序相反方向进行 |
| *n*＋ | 本点与上 *n* 点相连，连线依测点顺序进行 |
| *n*－ | 本点与下 *n* 点相连，连线依测点顺序相反方向进行 |
| P | 本点与上一点所在地物平行 |
| *n*P | 本点与上 *n* 点所在地物平行 |
| ＋A$ | 断点标识符，本点与上点连 |
| －A$ | 断点标识符，本点与下点连 |

（3）点状地物适于只有一个定位点的独立地物，用 A×× 表示，如 A16 表示学校、A36 表示消防栓、A42 表示普通电杆、A50 表示阔叶独立树、A70 表示路灯等。点状地物符号代码详见《CASS 用户手册》。

数据采集时现场对照实地输入野外操作码（也可以自己定义野外操作码，内业编辑索引文件），图 4-30中点号旁的括号内容为输入结果。

对于 CASS 系统的简码作业，其操作码的具体使用规则如下。

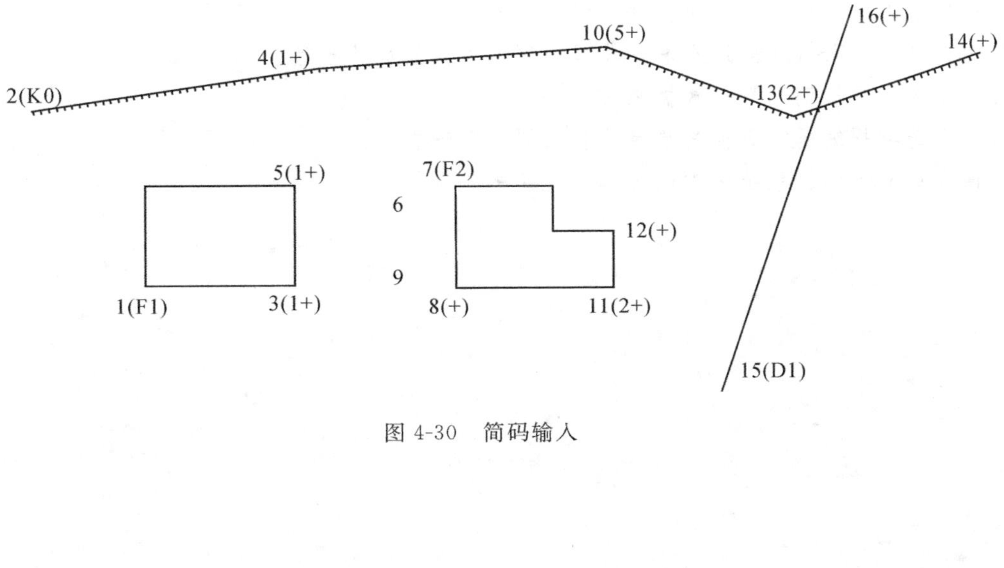


图 4-30　简码输入

(1)对于地物的第一点,操作码即为地物代码。

(2)连续观测某一地物时,操作码为“+”或“−”。

(3)交叉观测不同地物点时,操作码为“$n$+”或“$n$−”。其中,$n$ 表示该点应与以上 $n$ 个点相连($n$=当前点点号—连接点号−1,即跳点数)。还可以用“+A＄”或“−A＄”标示断点,“+A＄”是任意助记字符。

(4)观测平行体时,操作码为“P”或“$n$P”。其中,“P”的含义为通过该点所画的符号应与上一点所在地物的符号平行且同类,“$n$P”的含义为通过该点所画的符号应与以上跳过 $n$ 个点后的点所在的符号平行且同类。对于带齿线的坎类符号,系统将会自动识别是堤还是沟。若上一点或跳过 $n$ 个点后的点所在的符号不为坎类和线类,系统将会自动搜索已测过的坎类和线类符号的点。因此,用于绘平行体的点,可在平行体的一“边”未测完时测对面点,也可在测完后接着测对面的点,也可穿插测其他地物点后,再来测平行体的对面点。

(5)如果某个点含有两种地物信息,就要改变代码重测一次,或者重生成一个点并赋予新的代码。

## 职业能力训练

训练一:利用全站仪和 RTK 进行数字地形图测绘。

训练目标:通过实训项目,培养实际工程中野外数据采集的测绘综合能力。

## 单元小结

本单元学习了解了地形图的精度及测绘地形图过程中综合取舍的方法和要求,重点讲述了数字测图中野外数据采集的几种常用的方法,并介绍了数据编码的相关知识,以及南方 CASS 系统的简码应用。

## 思考与练习题

1. 简述采用全站仪野外采集数据的操作过程。
2. 简述采用 GPS-RTK 野外采集数据的作业方法及操作过程。
3. 简述电子平板测图野外数据采集方法。
4. 什么是数据编码?数据采集时为什么要用简码?
5. 南方 CASS 测图系统中简码是如何规定的?

# 单元五　内业计算机成图

[单元概述]

本单元主要讲述计算机地图制图的基本理论知识，包括计算机地图制图概述、数字成图软件与 AutoCAD 的二次开发方法、点状符号库的建立方法、线型符号库的建立方法，以及面状符号库的建立方法等，对于等高线的自动追踪算法主要介绍网格法和三角网法两种。通过本单元的理论教学和职业能力训练，使学生掌握 AutoCAD 中点、线、面符号的开发方法及等高线自动追踪的算法，为学习数字成图软件提供必要的理论知识。

[学习目标]

通过本单元的学习，应掌握计算机地图制图的基本理论知识，基于 AutoCAD 的二次开发方法，数字成图软件中点、线、面符号的绘制方法等，能根据需要制作点、线、面符号，了解网格法、三角网法追踪等高线的算法。在此基础上，能熟练运用南方 CASS 地形地籍成图软件完成数字地形图的编绘任务。

## 任务一　认识计算机地图制图

计算机地图制图是伴随着计算机及其外围设备的发展而兴起的一门应用技术学科，已在普通地图制图、专题地图制图、数字高程模型、地籍制图、地形因子制图、地理信息系统中得到了广泛应用。电子地图、数字地图、虚拟现实地图等新的地图表达、应用方式对地图的制作和使用提出了新的要求，而地理信息系统的产生和发展，则为计算机地图制图提供了新的应用平台。

### 一、计算机地图制图的基本概念

地图是按照一定的数学法则，将地球（或星体）表面上的空间信息，经概括综合后以可视化、数字化或可触摸的符号形式，缩小表达在一定载体上的图形模型，用以传输、模拟和认知客观世界的时空信息。早期的地图制作主要是手工完成，随着计算机技术的发展及应用，计算机地图制图已成为地图制作的主流。

所谓计算机地图制图，是指以计算机硬件设备为基础，在相应软件系统的支持下，以数字格式对地图制图要素与现象的数据进行采集、处理与管理，按照地图制作的规范进行符号化、图版制作与输出，并提供地图自动分析的全过程。或者说，计算机地图制图是以传统的地图制图原理为基础，以计算机及其外围设备为工具，采用数据库技术和图形数字处理方法，实现地图信息的获取、变换、传输、识别、存储、处理、显示和绘图的应用技术。计算机地图制图是地图制图学与计算机图形学的交叉与结合，在两门学科基本理论、概念与方法交叉的基础上，产生了一些新的方法与技术。

理解计算机地图制图的概念，应从以下几个方面进行。

(1)计算机地图制图的目的是制作地图。计算机地图制图最终提供给用户的仍是地图(包括普通地图、专题制图、影像地图等),但这种地图的存储、处理是以数字形式进行的,因此可以进行灵活多样的操作,可以通过硬拷贝、显示器等不同方式显示。

(2)计算机地图制图强调以计算机技术作为制图手段。传统地图制图主要是通过人工操作制作纸质地图(模拟地图)。而计算机地图制图则强调以人机交互下的计算机图形处理为基础的地图制图,制图要素为数字化信息,地图表达、处理都为数字方式,人类工作由直接编制地图转变为操作计算机绘图、开发有关机助地图制图软件等。

(3)计算机地图制图强调以数字形式存储和分析地图。相对传统地图制图学,计算机地图制图的根本区别在于以计算机可直接存储处理的数字形式表达和处理地图,充分应用了数字信息的优越性。数字地图具有无缝连接、灵活设置、多信息派生、数据库存储、自由缩放、信息重用等优越性,为地图信息共享提供了有力支持。

(4)计算机地图制图对传统地图学提出了新的挑战。在促进地图制图学发展的同时,计算机地图制图也对传统的地图学提出了新的挑战与要求。

计算机地图制图的本质作用是实现原始数据向数字地图的转换,如图 5-1 所示。

图 5-1 计算机地图制图系统的数据转换

计算机地图制图的基本过程如图 5-2 所示,主要包括以下内容。

1. 地图数据获取

纸质地图、航空航天影像、地图数据或影像数据、野外测量数据、统计资料和地理调查资料等,都可作为计算机地图制图的信息源。这些资料可以通过键盘或扫描、识别、转储的方法输入计算机;图形和图像资料一般要经过图形到数据的转换,使其成为计算机能够识别和处理的数据信息。例如,采用扫描矢量化进行纸质地图、影像资料到数据信息的转换,这种方法采集数据速度快,但工作量大,图形要素自动识别困难,矢量化时需人工干预或完全用鼠标跟踪实现。

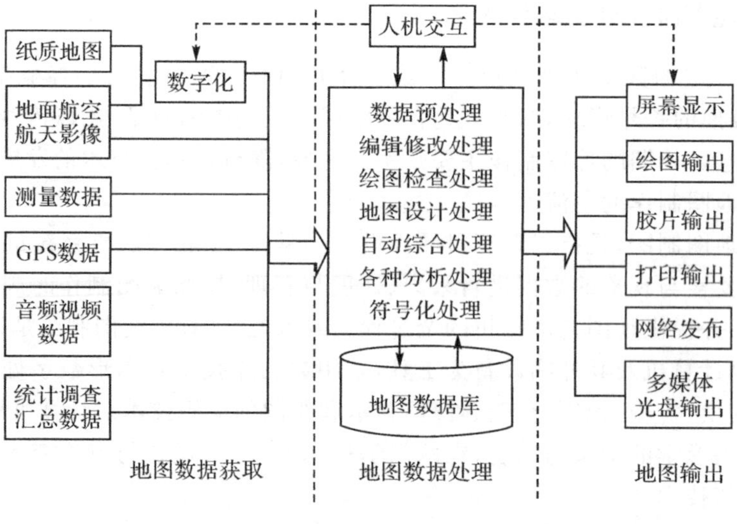


图 5-2 计算机地图制图的一般过程(据王家耀等)

由图形或图像获取的地图数据及由键盘输入和转储的地图数据，必须按一定的数据结构进行存储和组织，建立标准的数据文件或地图数据库，以便于计算机处理或直接使用。

2. 地图数据处理

实际上，计算机地图制图的全过程都是在进行数据处理，但这里讲的数据处理阶段是指在数据获取以后、图形输出之前对地图数据的各种处理。其具体内容包括：地图数据的预处理，如坐标变换、结点匹配、比例尺的统一、数据格式的变换（矢量数据到栅格数据的变换或栅格数据到矢量数据的变换）；地图投影变换；地图内容的增删与综合；图形处理（如图形编辑、地图符号的图形生成、注记的配置和图廓整饰）等。所有这些工作都是通过编辑系统和用户程序来完成的。

在数据处理时不但可对地图数据进行交互式处理，也可进行批处理。无论交互式处理还是批处理，一般都采用联机方式。这种方式使用方便，易于实时处理，不易发生错误，是当前计算机地图数据处理的主要方式。

3. 地图输出

该阶段的主要任务是将地图数据处理的结果变成图形输出装置可识别的指令，以驱动图形输出装置产生地图图形。根据数据格式、地图用途和图形输出装置的性能不同，可采用矢量绘图机、栅格绘图机、图形显示器、缩微系统等绘制或显示地图图形。如果以生产出版原图为目的，可采用带有光学绘图头或刻针（刀）的平台式矢量绘图机或高分辨率的栅格绘图机，它们可以产生线划、符号、文字等高质量的地图。

## 二、计算机地图制图的特点

计算机地图制图是计算机图形学和地图制图学的交叉与结合，它具有以下特点。

(1)计算机地图制图以数字方式存储和处理地图，具有无级缩放、无缝漫游的特点，地图存取与查询效率高；数字地图易于储存，并保证了储存中的不变性，从而提高了地图的使用精度。

(2)计算机地图制图系统具有良好的交互性，地图制图自动化程度较高，制图效率高。用绘图机绘图不仅降低了制图人员的劳动强度，而且减少了制图过程中由于制图人员的主观随意性而产生的偏差，为地图制图进一步标准化、规范化铺平了道路。

(3)计算机地图制图受人为因素和客观因素的影响较小，成图精度高，更新速度快，提高了成图速度，缩短了成图周期，改进了制图和制印工艺。例如，根据地图要素的属性从地图数据库中提取要素可绘制分要素地图，以减少制印中复照、翻版等工作。

(4)计算机地图制图更便于信息共享与交流，易于派生新信息，同时增加了地图品种，拓宽了服务领域。例如，采用计算机处理地图信息，可制作常规制图方法难以完成的坡度图、坡向图、地面切割密度图、通视图、三维立体图和视觉立体图等。

(5)数字地图的信息容量大，它只受计算机存储器的限制，因此可以包含比一般模拟地图多得多的地理信息。

(6)数字地图易于校正、编辑和更新，并可方便地根据地图用户要求改编地图及复制地图要素，以提高地图的适应性、实用性和应用的广泛性。

(7)计算机地图制图系统易于与其他系统如地理信息系统、遥感、数字测图系统等结合，从而整合和利用多源数据和现代空间信息技术。

相对于传统的地图制图，计算机地图制图的优越性在于以下几个方面。

（1）地图数据采集与存储的数字化。

（2）地图表达与处理的数字化。

（3）地图分析的自动化与交互化。

（4）地图显示方式的多样化。

（5）灵活性。

相对于一般计算机图形学中的计算机制图，计算机地图制图的特点在于以下几个方面。

（1）图形要素的特殊性和复杂性。

（2）图形关系的特殊性。

（3）地图特点的体现。

（4）地图分析。

（5）数据来源的多格式性。

计算机地图制图绝不是数字处理设备与传统制图方法的简单组合，而是地图制图领域内的一次重大技术革命。这场革命的作用等于或超过由印刷机的发明和摄影测量技术的产生所引起的地图制图技术的巨大变化。计算机地图制图使整个地图学学科呈现三大特点：一是地图生产已摆脱了传统手工生产的模式，形成了从地图数据采集、处理、地图编辑到出版的集成化的地图生产模式；二是数字地图的品种日益增多，需求量越来越大；三是基于数字地图的应用技术和应用系统发展迅速。

## 三、计算机地图制图的主要问题

任何科学领域，如果应用计算机技术，都必须将该学科的研究对象由连续的系统（如果它的对象是连续的话）变成离散的系统。在计算机科学和数学处理过程中，处理这种连续和离散变换的原理，实际上就是数字地图制图形成和发展的基本原理。计算机地图制图的核心问题是如何使用计算机处理地图信息，即解决地图信息如何以数字的形式表示、获取、存储、处理和输出。具体来说，计算机地图制图需要解决三个方面的主要问题。

（1）对连续的地图信息进行数字化，对不同技术所获取的多源制图空间数据进行标准化，以便计算机读取并识别其内容。

（2）计算机根据地图制图生产和地理信息应用的要求，对数字形式的地图信息进行一系列的加工处理，按照特定制图规范形成一定形式的数字地图产品，构成地图数据库。

（3）把数字地图的有关内容转换成人可阅读的地图图形。

因此，计算机地图制图需要解决以下主要问题。

（1）计算机地图制图系统的体系结构与软硬件系统。

（2）多源地图制图数据的采集、输入与预处理。

（3）地图符号库设计与标准地图布局生成。

（4）地图数据管理（存储）与操作。

（5）地图设计与编绘（包括普通地图、专题地图等）。

（6）地图注记、排版与印刷。

（7）地图发布与传输。

（8）三维地形图、虚拟现实地图与虚拟地理环境。

（9）应用型计算机地图制图系统的开发。

## 四、计算机地图制图的理论与技术基础

计算机地图制图是多学科理论交叉和多技术手段集成的产物，因此其理论和技术基础也涉及许多相关学科，如图5-3所示。可以看出，要掌握计算机地图制图的理论、方法和技术，必须具备相关学科基础知识。从大的方面来讲，计算机地图制图应涉及三个学科领域：测绘科学与技术、计算机科学与技术、其他基础与应用学科。

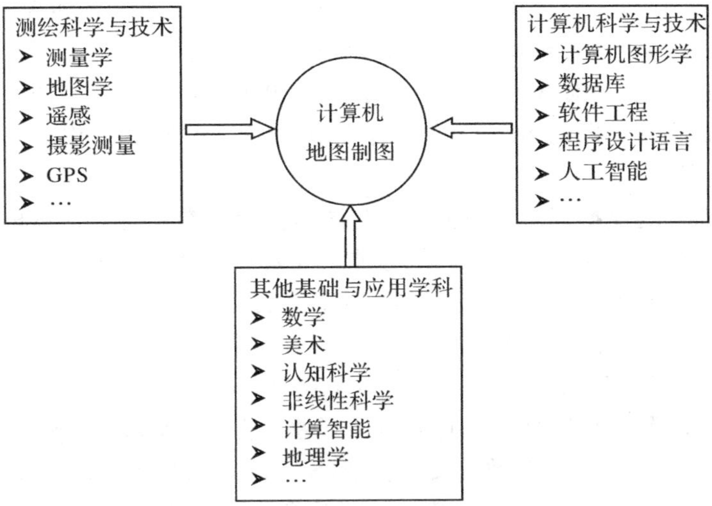


图5-3　计算机地图制图相关学科（据杜培军等）

## 五、计算机地图制图系统的构成

计算机地图制图系统是以计算机为核心，在硬件和软件的支持下，对地形空间数据进行采集、输入、处理及输出、管理等的测绘系统，它包括硬件和软件两个部分。

计算机地图制图系统的硬件主要由全站仪、GPS-RTK、计算机（台式、笔记本电脑，或掌上电脑即PDA）、绘图仪、扫描仪及其他输入输出设备组成。全站仪或RTK采集的野外数据传输到计算机中，通过软件处理后形成数字图或专用图及其他的专用数据存储于计算机中，以便输出和管理。

计算机地图制图系统的软件集数据采集、数据处理（包括图形数据的处理、属性数据及其他数据格式的处理）、图形编辑与修改、成果输出与管理于一身，且通用性强、稳定性好，并能提供与其他软件进行数据转换的接口。

### （一）计算机地图制图硬件系统

（1）计算机及其附属设备，如数字化仪、扫描仪、绘图仪等。

（2）测量数据采集的仪器设备，如全站仪、GPS-RTK、数字摄影测量系统等。

### （二）计算机地图制图软件系统

计算机地图制图软件系统可以划分为四个层次，即计算机系统软件（包括操作系统、语言处理程序、数据库等）、计算机图形学基础软件（如图形支撑软件OpenGL函数库等，可选）、计算机地图制图软件、计算机地图制图应用软件。

1. 计算机系统软件

计算机系统软件对计算机系统进行管理，协调整个系统的工作，并为应用软件的开发和应用提供平台，主要包括操作系统、语言处理程序、图形专用语言和数据库等。

2. 计算机图形学基础软件

计算机图形学基础软件指为了支持计算机制图而开发的专用软件、函数库等，主要包括以下几个方面。

(1)图形支撑软件，如 OpenGL 等。尽管各种高级程序设计语言如 Visual Basic、Visual C++、Delphi 等都具有良好的绘图开发语句、函数，但相对而言，这些基本语句在具体应用中仍需进行大量开发工作。针对这一情况，许多公司推出了针对计算机制图开发的图形支撑软件，其中最为典型的当属美国的 Sun 公司推出的 OpenGL 函数库，为用户进行计算机绘图软件开发提供了有力的支持。

(2)图形数据接口与交换标准。数据接口与图形交换标准一直是计算机图形领域重要的研究方向之一。美国于 1974 年成立了图形标准化规划委员会(GSPC)，提出了世界上第一个图形标准方案 Core。与此同时，各国也陆续制定了自己的图形标准，其中以德国的 GKS (Graphics Kernel System，计算机图形核心系统)标准最为著名。1985 年，第一个国际计算机图形信息标准，即计算机图形核心系统 GKS 得以正式颁布，之后，三维图形核心系统(GKS-3D)、程序员层次交互式图形系统(PHIGS)、计算机图形原文件(CGM)、计算机图形接口(CGI)、初始图形交换规范(IGES)，以及产品数据交换标准(STEP)等相继制定并颁布。

(3)图形对象库、操作方法库与模型库。针对计算机图形系统中常用的图形对象、图形操作与图形模型所具有的共性，可以通过组件、库函数、OLE 对象等建立相应的对象库、方法库和模型库，作为计算机图形系统的一部分。这些库函数可以直接供用户二次开发使用，从而提高图形应用系统开发的效率。

(4)计算机制图应用软件，如 AutoCAD、CorelDraw 等。目前已有一些优秀的计算机制图应用软件，这些软件提供了良好的图形设计与开发接口，能够适用于不同领域制图的需求。计算机地图制图既可以直接采用这些软件，也可以利用这些软件提供的接口进行二次开发。

3. 计算机地图制图软件

通用计算机图形系统主要是针对规则的简单对象，而对于复杂的地图而言，通用图形系统的图形对象、符号等都不能满足要求，因此需要建立针对计算机地图制图的专业软件。计算机地图制图软件既可以是独立的软件系统，也可以嵌入其他软件系统，目前计算机地图制图软件以后者为主，如数字测图系统 CASS 与 EPSW、摄影测量软件系统 VirtuoZo 与 JX-4、遥感数据处理系统 ENVI 与 ERDAS 等都具有基于不同来源的数据进行地图制图的功能。开发专业的计算机地图制图软件系统，实现对不同来源、不同格式数据的读取、处理与制图，将是计算机地图制图专业软件系统建立的一个重要方面。

计算机地图制图软件系统的建立往往通过两种途径：一种是直接应用程序设计语言进行底层开发，建立软件系统，其周期长、规模大；另一种则是应用一些计算机制图软件系统进行二次开发，从而形成计算机地图制图软件，如基于 AutoCAD 开发的计算机地图制图软件系统。

4. 计算机地图制图应用软件

在计算机地图制图软件系统的基础上，已有一些面向典型领域的应用所开发的应用系统，如武汉大学面向电子地图生成的远图软件、威远图公司的 CitoMap 等。这些应用系统除具备常规的计算机地图制图功能外，特别强调地图分析与量算、面向特定领域的地图制作与处理等方面，从而建立起计算机地图制图的应用系统。同时，有些计算机地图制图系统通过进一步的拓展、深入开发，形成了地理信息系统软件。计算机地图制图系统在具备了完整的属性数据库、强大的空间分析功能后，即可发展为地理信息系统。

### 职业能力训练

训练一：设计一种从外业数据采集到内业成图的方案，将校园内的部分路灯、坎、人工草地等地物符号在 AutoCAD 中按 1∶500 的比例绘制出来。

训练目标：对计算机地图制图有整体认识，了解 AutoCAD 中点、线、面符号的绘制，并能控制绘图比例。

操作提示：

(1)选定测绘仪器。

(2)确定外业观测的数据。

(3)内业处理数据，可自行设计坐标数据文件格式，并用所熟悉的编程语言生成一个坐标数据文件。

(4)在 AutoCAD 中根据坐标手工绘制点、线、面符号，也可用 Visual LISP 编程语言读坐标数据文件，自动成图。

## 任务二　认识 Visual LISP 二次开发语言

AutoCAD 是一个通用的计算机辅助设计的绘图系统软件，具有使用方便、体系开放等特点，广泛用于机械、建筑、土木工程、测绘等领域。AutoCAD 提供丰富的绘图命令和编辑功能，可以很好地实现数字地形图的绘制。

Visual LISP 是一种以解释方式运行于 AutoCAD 内部的程序设计语言，是用于专业性绘图的 CAD 二次开发工具，具有完备的数学运算功能和调用 CAD 的绘图功能，可用于开发数字测图程序。

Visual LISP 提供的完整的集成开发环境(IDE)，为开发 Auto LISP 程序提供了极大的方便，大大增强了 Auto LISP 的原有功能。该开发环境具有自己的窗口和菜单，包括编译器、调试器和其他工具，可以实时调试 Auto LISP 程序，但它并不能独立于 AutoCAD 运行。

### 一、Visual LISP 集成开发环境的启动

启动 Visual LISP 集成开发环境的方法有以下两种。

(1)选择“工具”菜单“AutoLISP”下的“Visual LISP 编辑器”。

(2)在 AutoCAD 的命令行中输入“vlisp”或“vlide”，回车即可。

### 二、Visual LISP 集成开发环境的主要组成部分和功能

(1)语法检查器：可识别 Auto LISP 语法错误和调用内置函数时的参数错误。

(2)文件编译器:改善了程序的执行速度,并提供了安全高效的程序发布平台。

(3)源代码调试器:专为 Auto LISP 设计,利用它可以在窗口中单步调试 Auto LISP 源代码,同时还在 AutoCAD 图形窗口显示代码运行结果。

(4)文字编辑器:可采用 Auto LISP 和 DCL 语法着色,并提供其他 Auto LISP 语法支持功能。

(5)Auto LISP 格式编排程序:用于调整程序格式,改善其可读性。

(6)全面的检验和监视功能:用户可以方便地访问变量和表达式的值,以便浏览和修改数据结构。这些功能还可用来浏览 Auto LISP 数据和 AutoCAD 图形的图元。

例:编写一个绘制路灯的程序。

假设当前 F 盘根目录下有一个路灯符号的块文件,其尺寸按《国家基本比例尺地图图式第一部分:1∶500 1∶1 000 1∶2 000 地形图图式》(GB/T 20257.1—2007)的要求以毫米为单位绘制,文件名称为"ld.dwg"。现编写一个程序重复调用该符号(该符号的创建方法,参见本单元的任务四"基于 AutoCAD 的点符号库的建立"),步骤如下。

(1)启动 Visual LISP 集成开发环境。

(2)选择"文件"菜单下的"新建文件",创建一个输入源码的空文档。

(3)输入以下源码。

```
(setq blc 0.5)                                 ;设定比例尺为 1∶500,相当于全局变量
(defun c:crld(/pt)                             ;定义函数插入路灯符号
  (setq pt (getpoint "\n 指定路灯点位:"))      ;等待用户指定定位点
  (while pt                                    ;用户指定了点,该点为真就执行以下代码
    (command "-insert" "f:\ld" pt blc "" 0)    ;插入 F 盘上的 ld.dwg 符号
    (setq pt (getpoint "\n 插入点:"))          ;等待用户指定定位点
  )
)
```

说明:任何一个函数的定义形式如下。

```
(defun [c:]函数名([形式参数 1] [形式参数 2] ……/[局部变量 1] [局部变量 2] ……)
……          ;运行本函数要执行的代码
)           ;括弧配对
```

其中,方括弧中的为可选项,含义如下。

——c 表示在 AutoCAD 的命令行中输入函数名,就执行该函数,此时相当于该函数为主调函数;如果省略,表示该函数为被调函数,不能直接在 AutoCAD 的命令行中运行,只能被主调函数调用。

——[形式参数 1][形式参数 2]……表示当函数为被调函数时需要传递的形式参数。

——[局部变量 1][局部变量 2]……只在该函数运行过程中有效的局部变量,该函数运行完毕后内存空间自动释放。

(4)选择"文件"菜单下的"保存",保存源代码。

(5)点击工具栏的第一个图标 ,进行代码加载。

(6)点击视图栏的第一个图标，回到 AutoCAD 绘图界面。

(7)在命令行输入函数名称“crld”后回车，然后按提示指定点位，即可绘制路灯符号。

对于 Visual LISP 集成开发环境的更多知识，可参考开发环境中的帮助文档，也可参考相关书籍。

## 三、Visual LISP 常用函数

Visual LISP 语言是一种“表结构”语言，其基本形式为

(函数[参数 1][参数 2]…)

例如，求值 e=(a+b)/(c+d)，应写为

(setq e (/(+ a b) (+ c d)))

一个左括号和一个右括号配对组成一个“表”，函数与参数之间、参数与参数之间用一个空格分开，表中参数的有无或多少由函数的性质所规定。参数也可以是另一个表，称为“嵌套结构”。除了函数可以互相调用外，没有其他任何语句和过程。因此，Visual LISP 程序是由一个或多个顺序排列或多层嵌套的函数(表)组合而成。执行 Visual LISP 程序就是调用一些函数，函数可再调用其他一些函数，也就是在对各个函数求值过程中实现函数的功能，进而实现程序的计算和绘图功能。因此，自行开发的 Visual LISP 程序也可以认为是 AutoCAD 软件中增加的“自定义函数”，而在 Visual LISP 程序中，又可以调用 AutoCAD 几乎所有的绘图、编辑功能，二者具有良好的交互性。

在地形图机助成图中，既可直接利用 AutoCAD 绘图命令，如绘制具有固定形状的地形图图式符号、建立符号库、连接地形点之间的线条等，也可用 Visual LISP 语言编制的专用程序来完成绘图任务，如原始观测数据向绘图所需坐标数据的转换、点位展绘、地形与地物要素连线、等高线绘制等。

### (一)数学运算功能函数

1. 求和(+)

格式：(+ num1 num2 num3 …)

功能：求 num1、num2、num3、…之和。

示例：(+ 2 3 4 5.8)返回 14.8。

2. 求差(−)

格式：(− num1 num2 num3 …)

功能：求 num1 减去 num2、num3、…所得的差。

示例：(− 40 20 10.0)返回 10.0。

3. 乘法(*)

格式：(* num1 num2 num3 …)

功能：求 num1、num2、num3、…之积。

示例：(* 3.0 −5.5 −2) 返回 33.0。

4. 除法(/)

格式：(/num1 num2 num3 …)

功能：求 num1 除以 num2、num3、…所得的商。

示例：(/100.0 5.0 4)返回 5.0。

5. 自增1(1+)

格式:(1+ number)

功能:使number自加1。

示例:(1+ −8.5)返回−7.5。

6. 自减1(1−)

格式:(1− number)

功能:使number自减1。

示例:(1− 8.5)返回7.5。

7. 绝对数字(abs)

格式:(abs num)

功能:返回num的绝对值。

示例:(abs −20.5)返回20.5。

8. 正弦函数(sin)

格式:(sin angle)

功能:sin函数计算一个角(以弧度表示)的正弦值。

示例:(sin (/pi 6.0)) 返回0.5。

说明:pi为系统关键字,值为3.141 592 6。

9. 余弦函数(cos)

格式:(cos angle)

功能:cos函数计算一个角(以弧度表示)的余弦值。

示例:(cos 1.0)返回0.540 302。

10. 反正切函数(atan)

格式1:(atan num1)

功能:计算正切值为num1的角度值,返回角度以弧度表示。

示例:(atan 1.0)返回0.785 398弧度。

格式2:(atan num1 num2)

功能:函数将以弧度形式返回(num1/num2)的反正切值。

示例:(atan 0.5 1.0)返回0.463 648弧度。

11. angtos函数(angtos)

格式:(angtos angle [mode] [precision])

功能:以字符串格式返回以弧度表示的角度值。

示例:(angtos −1.5708 0 2)返回字符串“270.00”。

说明:angle是以弧度表示的角度值。mode是AutoCAD系统变量AUNITS的允许值;AutoCAD中可用模式有:0表示十进制角度,1表示度分秒形式,2表示梯度,3表示弧度,4表示测量单位。precision是一个整数,用于控制小数的位数。

**(二)检验与逻辑运算功能函数**

1. 等于(=)

格式:(= atom1 atom2 …)

功能:检查两个元素是否相等。若相等,条件为真,函数返回T。若不相等,条件为假,函数返回 nil。

示例:(= 1 2)返回 nil。

(= "yes" "yes")返回 T。

2. 不等于(/=)

格式:(/= atom1 atom2 …)

功能:检查两个元素是否不相等。若不相等,条件为真,函数返回 T。若相等,条件为假,函数返回 nil。

示例:(/= "yes" "no")返回 T。

3. 小于(<)

格式:(< atom1 atom2 …)

功能:检查第一个元素(atom1)是否小于后面的每一个元素。若为真,函数返回 T,否则返回 nil。

示例:(< 5 4 5 6 7) 返回 nil。

(< 3 4 5 6 7)返回 T。

4. 小于等于(<=)

格式:(<= atom1 atom2 …)

功能:检查第一个元素 atom1 是否小于等于后面的每一个元素。若为真,函数返回 T,否则返回 nil。

示例:(<= 10 15) 返回 T。

5. 大于(>)

格式:(> atom1 atom2 …)

功能:检查第一个元素 atom1 是否大于后面的每一个元素。若为真,函数返回 T,否则返回 nil。

示例:(> 15 10)返回 T。

6. 大于等于(>=)

格式:(>= atom1 atom2 …)

功能:检查第一个元素 atom1 是否大于等于后面的每一个元素。若为真,函数返回 T,否则返回 nil。

示例:(>= 78 50) 返回 T。

7. 逻辑非(not)

格式:(not　表达式 1)

功能:返回指定表达式 1 的反面,表达式 1 为真,函数返回 nil,否则返回 T。

示例:(not (>= 78 50)) 返回 nil。

8. 逻辑并(and)

格式:(and 表达式 1 表达式 2 …)

功能:表达式 1、表达式 2、…全为真时,函数返回 T,否则返回 nil。

示例:(and (> 3 2)　(= "yes" "no" )) 返回 nil。

9. 逻辑或(or)

格式:(or 表达式 1 表达式 2 …)

功能：表达式1、表达式2、…只要有一个为真时，函数返回T，否则返回nil。

示例：(or (> 3 2) (= "yes" "no")) 返回T。

**(三)转换运算功能函数**

1. angtof 函数

格式：(angtof 角度字串 [角度字串模式])

功能：将字符串格式的角度值，转换为实数。

示例：(angtof "57d17'45\"" 1) 返回1.0。

说明：将57°17′45″转换为弧度，格式必须是系统可以识别的格式。

2. angtos 函数

格式：(angtos 角度 [模式] [精度])

功能：以弧度表示的角度值转为字符串格式。

示例：(angtos 1.0 4) 返回字符串"57d17'45\""。

3. atof 函数

格式：(atof 字符串)

功能：字符串转为实数值。

示例：(atof "12.345") 返回12.345。

4. atoi 函数

格式：(atoi 字符串)

功能：字符串转为整数，直接截去尾数。

示例：(atoi "-12.345") 返回-12。

5. itoa 函数

格式：(itoa 整数)

功能：将整数转换为字符串。

示例：(atof 12) 返回字符串"12"。

6. rtos 函数

格式：(rtos number [mode] [precision])

功能：将实数转换为字符串。

示例：(rtos 12.345 1 3) 返回字符串"12.345"。

说明：mode是AutoCAD系统变量LUNITS的允许值；AutoCAD中可用模式有：0表示科学，1表示小数，2表示工程(英尺和十进制英寸)，3表示建筑(英尺和分数英寸)，4表示分数。precision是一个整数，用于控制小数的位数。

7. distof 函数

格式：(distof 字符串 [模式])

功能：与rtos构成互补函数，将AutoCAD记数法格式的字串，转换为一个实数。

示例：(distof "12.345" 1 3) 返回12.345。

8. itoa 函数

格式：(itoa 整数)

功能：将整数转成字符串。

示例：(itoa 123)返回字符串"123"。

### (四)列表处理功能函数

1. append 函数

格式:(append 列表 列表 …)

功能:将多个列表合并为一个列表。

示例:(append (list 1 2 3) (list 4 5 6)) 返回(1 2 3 4 5 6)。

2. assoc 函数

格式:(assoc 关键元素 联合列表)

功能:根据关键元素找寻联合列表中的关联数据。

示例:

```
(setq ename (car (entsel "\n 请选择实体:")))   ;提示用户选择一个对象
(setq sj (entget ename))                       ;获取该对象的关联数据
(setq lx (cdr (assoc 8 sj)))                   ;根据关键元素 8,提取选中对象所在图层名称
```

3. car 函数

格式:(car 列表)

功能:返回列表中的第一个元素,通常用来求 $X$ 坐标。

示例:(car (list 12 34 56)) 返回 12。

4. cadr 函数

格式:(cadr 列表)

功能:返回列表中的第二个元素,通常用来求 $Y$ 坐标。

示例:(cadr (list 12 34 56)) 返回 34。

5. caddr 函数

格式:(caddr 列表)

功能:返回列表中的第三个元素,通常用来求 $Z$ 坐标。

示例:(caddr (list 12 34 56)) 返回 56。

6. cdr 函数

格式:(cdr 列表)

功能:除去第一个元素后的列表。

示例:(cdr (list 12 34 56)) 返回(34 56)。

7. cons 函数

格式:(cons 新元素 列表)

功能:将新元素添加为列表的第一个元素,返回一个新表。

示例:(cons "张三" (list "李四" "王五")) 返回("张三" "李四" "王五")。

8. length 函数

格式:(length 列表)

功能:返回列表内的元素数量,类似数组维数。

示例:(length (list "张三" "李四" "王五")) 返回 3。

9. list 函数

格式:(list 元素 元素 …)

功能:将所有元素合并为一列表,类似初始化数组。

10. nth 函数

格式:(nth n 列表)

功能:返回列表的第 $n+1$ 个元素。

示例:(nth 2 (list 1 2 3 4)) 返回 3。

11. reverse 函数

格式:(reverse 列表)

功能:将列表元素根据顺序颠倒过来的列表,可用于改变某多义线的方向。

示例:(reverse (list (list 1 2 3) (list 4 5 6) (list 7 8 9)))返回((7 8 9) (4 5 6) (1 2 3))。

12. subst 函数

格式:(subst 新项 旧项 列表)

功能:在给定的列表中,用新的元素替换旧的元素。

示例:(subst (list 100 200 300) (list 4 5 6) (list (list 1 2 3) (list 4 5 6) (list 7 8 9)))返回((1 2 3) (100 200 300) (7 8 9))。

说明:可修改线的顶点。

**(五)字符串、字符、文件处理功能函数**

1. ascii 函数

格式:(ascii 字符串)

功能:返回字符串中第一个字符的 ASCII 码。

示例:(ascii "asdf") 返回 97。

(ascii "Asdf") 返回 65。

2. chr 函数

格式:(chr 整数)

功能:返回整数所对应的 ASCII 字符。

示例:(chr 97) 返回字符"a"。

(chr 65) 返回字符"A"。

3. open 函数

格式:(open 文件名 模式)

功能:以读、写、追加等模式打开文件,准备读取、写入或追加信息。

示例:(setq f1 (open "E:\\arc.txt" "r")) ;以只读方式打开文件,返回文件指针

(setq f2 (open "E:\\arc.txt" "w")) ;以写入方式打开文件,返回文件指针

(setq f3 (open "E:\\arc.txt" "a")) ;以追加方式打开文件,返回文件指针

4. close 函数

格式:(close 文件指针)

功能:关闭文件。

示例:(close f1)即关闭 f1 指针对应的文件。

5. read-line 函数

格式:(read-line 文件指针)

功能:从文件指针所指的文件中读取一行,并将指针下移一行。

示例:(read-line f1)即从 f1 所指的文件中读取当前行。

6. write-line 函数

格式:(write-line 字符串 文件指针)

功能:将字符串写到文件指针所指的文件中。

示例:(write-line "abcdefg" f2) 即将字符串"abcdefg"写入 f2 指针所指的文件中。

7. strcase 函数

格式:(strcase 字符串 [方式])

功能:将字符串转换为大写或小写。方式为真时,转为小写;为假时,转为大写。

示例:(strcase "sAmPLe" T) 返回字符串"sample"。

(strcase "sAmPLe" nil) 返回字符串"SAMPLE"。

8. strcat 函数

格式:(strcat 字符串 1 字符串 2 …)

功能:将各字符串合并为一个字符串。

示例:(strcat "abc" "123" "def") 返回字符串"abc123def"。

9. strlen 函数

格式:(strlen 字符串)

功能:返回字符串构成的字符数(即字符串长度)。

示例:(strlen "abc123def") 返回 9。

10. substr 函数

格式:(substr 字符串 起始序号 截取长度)

功能:在字符串中从起始序号开始,截取指定长度的字串。

示例:(substr "abc123def " 3 3) 返回字符串"c12"。

11. wcmatch 函数

格式:(wcmatch 字符串 格式)

功能:检查字符串中是否满足指定的格式。

示例:(wcmatch "Name" "N * ")返回 T。

(wcmatch "Name" "??? e")返回 T。

说明:" * "代表若干个字符;"?"代表一个字符。

**(六)等待输入功能函数**

1. getangle 函数

格式:(getangle [基点] [提示])

功能:等待输入十进制的角度数值或以基点和用户指定点的连线确定的一个角度的数值,返回该角度的弧度值。

示例:(getangle (list 0 0) "请输入一个角度:" )

——输入 180 返回 3.141 59。

——输入 0,100,则返回 1.570 8。

——鼠标点击 $X=66.6292$ 与 $Y=34.9464$,返回(0,0)与(66.629 2, 34.946 4)的连线和 0°方向的夹角弧度值 0.483 047。

2. getcorner 函数

格式:(getcorner [基点] [提示])

功能：请求输入另一矩形框对角点坐标，返回用户单击的角点坐标。

示例：(setq pt (getcorner (list 0 0) "请输入另一角点坐标：")) 返回点坐标。

3. getdist 函数

格式：(getdist [基点] [提示])

功能：请求输入一段距离。

示例：(getdist (list 0 0) "请输入一个距离：")

——输入 100 返回 100.0。

——鼠标点击 $X=3.0$ 与 $Y=4.0$，返回(0,0)与(3.0, 4.0)之间的距离 5.0。

4. getint 函数

格式：(getint [提示])

功能：请求输入一个整数值。

示例：(getint "请输入一个整数：")，输入 5，返回 5。

5. getpoint 函数

格式：(getpoint [基点] [提示])

功能：请求输入一个点的坐标或通过鼠标给定一个点。

示例：(getpoint (list 0 0) "请指定点：")

——输入 3,5，则返回点(3,5,0)。

——鼠标点击 $X=3$ 与 $Y=5$，返回(3,5,0)。

6. getreal 函数

格式：(getreal [提示])

功能：请求输入一个实数。

示例：(getreal "请输入一个实数：") 返回输入的实数。

7. getstring 函数

格式：(getstring [提示])

功能：请求输入一个字符串。

示例：(getstring "请输入一个字符串：") 返回输入的字符串。

**(七)几何运算功能函数**

1. angle 函数

格式：(angle 点 1 点 2)

功能：取得两点连线与定义的零方向的夹角的弧度值。

示例：(angle (list 0 0) (list 5 8)) 返回 1.012 2。

2. distance 函数

格式：(distance 点 1 点 2)

功能：取得两点间的距离。

示例：(distance (list 0 0 0) (list 3 4 0))返回 5.0。

3. inters 函数

格式：(inters 点 1 点 2 点 3 点 4 [模式])

功能：取得点 1、点 2 的连线与点 3、点 4 的连线的交点。

示例：(inters '(1.0 1.0) '(9.0 9.0) '(4.0 1.0) '(4.0 2.0) nil) 返回(4.0 4.0)。

(inters '(1.0 1.0) '(9.0 9.0) '(4.0 1.0) '(4.0 2.0)) 返回 nil,即两线段无交点。

说明:模式为 nil 时,系统认为两线段无限延伸,可延伸后存在交点。如果模式为其他值或无该参数,系统认为是求两线段的交点。

4. osnap 函数

格式:(osnap 点 模式字符串)

功能:用指定模式捕捉指定点最近的点坐标。

示例:(osnap '(5 6) "end")返回离点(5 6)最近的对象的端点坐标。

(osnap '(5 6) "mid")返回离点(5 6)最近的对象的中点坐标。

5. polar 函数

格式:(polar 基点 弧度 距离)

功能:从基点开始,按指定的距离和角度找一个新点。

示例:(polar '(0 0) pi 100.0) 返回(-100.0 0)。

说明:pi 为系统关键字,值为 3.141 592 6。

**(八)函数定义、查询、系统变量控制功能函数**

1. defun 函数

格式:(defun [c:]函数名称 ([全局变量(形式参数)]/[局部变量]))

功能:定义 Visual LISP 函数。

示例1:"度.分秒"形式化弧度的主函数。

```
(defun c:deg(/d1 f1 m1)
  (setq d (getreal  "请以"度.分秒"的形式输入角度值:"))
  (setq d (+ d 0.0000001))   ;为减小计算的取舍误差,对输入值加上 0.000 1 s
  (setq d1 (float (fix d)))
  (setq f1 (float (fix (* (- d d1) 100.0))))
  (setq m1 (* (- (* d 100.0) (* d1 100.0) f1) 100.0))
  (setq d (* pi (/(+ d1 (/f1 60.0) (/m1 3600.0)) 180.0)))
)
```

调用加载函数后,在命令行输入 deg 回车;提示:请以"度.分秒"的形式输入角度值,则输入 90.303 0,返回 1.579 67。

示例2:"度.分秒"形式化弧度的被调函数(子函数)。

```
(defun deg(d /d1 f1 m1)
  (setq d (+ d 0.0000001))   ;为减小计算的取舍误差,对输入值加上 0.000 1 s
  (setq d1 (float (fix d)))
  (setq f1 (float (fix (* (- d d1) 100.0))))
  (setq m1 (* (- (* d 100.0) (* d1 100.0) f1) 100.0))
  (setq d (* pi (/(+ d1 (/f1 60.0) (/m1 3600.0)) 180.0)))
)
```

调用加载函数后,在命令行输入(deg 90.30)回车,返回 1.579 52。

说明:参数[c:]为可选,有该参数,表示该函数为主调函数,在 AutoCAD 的命令行中输入函数名,即可运行该函数;缺省该项表示该函数为被调函数,只能被主调函数调用,不可直接在

AutoCAD的命令行中运行，函数名则必须置于圆括号中。参数[全局变量(形式参数)]为可选，用于在函数间传递参数，在程序结束时不会丢失。参数[局部变量]为局部变量，在程序的执行期间保留其值，而且只能在它所在的程序中使用。

注意：Auto LISP包含一些内置函数，不要使用其中的任一名称作为函数名或变量名。Auto LISP内置函数的保留名称有abs，ads，alloc，and，angle，angtos，append，apply，atom，ascii，assoc，atan，atof，atoi，distance，equal，fix，float，if，length，list，load，member，nil，open，or，pi，read，repeat，reverse，set，type，while。

2. command函数

格式：(command AutoCAD命令 执行命令所需参数)

功能：程序中调用AutoCAD绘图、编辑命令。

示例1：(command "circle" (list 3 8) 50)

说明：调用画圆命令，以(3,8)点为圆心，绘制一个半径是50的圆。

示例2：(command "pline" (list 3 8) (list 50 80) (list 200 300) "")

说明：依次过(3,8) (50,80) (200,300)画一条多义线。

示例3：(command "-layer" "s" "JMD" "")

说明：将"JMD"图层设置为当前层。

示例4：(command "-layer" "n" "道路及附属设施" "s" "道路及附属设施" "")

说明：新建一个"道路及附属设施"图层，并将其设计为当前层。

3. findfile函数

格式：(findfile 文件名)

功能：查找指定的文件。

示例：(findfile "c:\\aaaa.doc")

返回：如果c盘下有aaaa.doc文件，则返回其路径，没有则返回nil。

4. getvar函数

格式：(getvar 系统变量)

功能：返回系统变量的设定值。

示例：(getvar "mirrtext") 返回当前系统变量mirrtext的值。

5. setvar函数

格式：(setvar 系统变量 要赋的值)

功能：设置系统变量的设定值。

示例：(setvar "mirrtext" 1)

说明：设置系统变量mirrtext的值，以控制当前镜像是否为文本镜像。

6. alert函数

格式：(alert 字符串)

功能：以对话框形式显示出警告字符串。

示例：(alert "输入格式不正确")

**(九)判断式、循环相关功能函数**

1. if函数

格式：(if (逻辑表达式) <表达式1> [表达式2])

功能：如果逻辑表达式为真，则执行表达式 1；否则执行表达式 2。

示例：(if(＞ a b) (alert "a＞b"))　　　　　;如果 a 大于 b，提示“a＞b”

(if(＞ a b) (alert "a＞b") (alert "a＜＝b")) ;如果 a 大于 b，提示“a＞b”；否则提示“a＜＝b”

说明：条件为真时执行表达式 1，条件为假时执行表达式 2。如果条件为真时要执行一组表达式，条件为假时要执行另一组表达式，则应配合使用 progn 函数。

2. progn 函数

格式：(progn　表达式 1 表达式 2 …)

功能：将多个表达式连接为一组表达式，常用于配合 if、cond 等函数。

示例：

```
(if (= a b)
    (progn
    (princ "\na 等于 b")
    (setq a (+ a 10) b (- b 10))
    )
    (progn
    (princ "\na 不等于 b")
    (setq a (- a 10) b (+ b 10))
    )
)
```

说明：如果 a 等于 b，换行输出“a 等于 b”，并将 a 加 10，b 减 10；如果 a 不等于 b，换行输出“a 不等于 b”，并将 a 减 10，b 加 10。

3. repeat 函数

格式：(repeat 次数 N [＜表达式＞ ＜表达式＞ …])

功能：重复执行 N 次[＜表达式＞ ＜表达式＞ …]。

示例：

```
(setq n 1 sum 0)
(repeat 100
  (setq sum (+ sum n))
  (setq n (1+ n))
)
```

说明：求 1+2+3+…+100，返回 5050。

4. While 函数

格式：(While ＜逻辑表达式＞ ＜表达式＞ …)

功能：当逻辑表达式为真时，执行表达式内容。

示例：

```
(setq n 1 sum 0)
(while (<= n 100)
  (setq sum (+ sum n))
  (setq n (1+ n))
)
```

说明：求 1+2+3+…+100，返回 5050。

5. cond 函数

格式：(cond

```
    ＜逻辑表达式 1＞ ＜表达式(组)1＞
    ＜逻辑表达式 2＞ ＜表达式(组)2＞
    …
    ＜逻辑表达式 n＞ ＜表达式(组)n＞
  )
```

功能：多分支 if 语句，类似于 case 语句。

示例：(setq s "c")

```
  (cond
    ((= s "a") (setq test 1))
    ((= s "b") (setq test 2))
    ((= s "c") (setq test 3))
    ((= s "d") (setq test 4))
    (t (setq test 5))
  )
```

说明：s= "c"，执行(setq test 3))，所以返回 3，即 test＝3。

Visual LISP 函数极其丰富，可满足测绘、建筑、机械等多行业的计算、绘图程序设计。由于其简单实用的特点，在计算机制图中备受青睐。更多的函数，请参照 Visual LISP 的帮助主题或相关参考书。

## 源程序实例

为了学习 Visual LISP 程序设计言语，下面给出几个典型的源代码实例，从而帮助学习 Visual LISP。

1. 以弧度形式返回两点间的坐标方位角

```
;这是一个由两已知点坐标(x1,y1)、(x2,y2)反算坐标方位角的子程序
(defun fwj(x1 y1 x2 y2 /dtx dty xx )
    (setq dtx (- x2 x1))
    (setq dty (- y2 y1))
    (if (and (= dtx 0.0) (< dty 0.0)) (setq fwj1 270.0))
    (if (and (= dtx 0.0) (> dty 0.0)) (setq fwj1 90.0))
    (if (/= dtx 0.0 )
       (progn
           (setq xx (/dty dtx))
           (setq fwj1 (atan xx))
           (setq fwj1 ( * fwj1 (/180.0 3.14159265358)))
       )
    )
```

```
    (if (< dtx 0.0)
          (setq fwj1 (+ fwj1 180.0))
    )
    (if (and (> dtx 0.0) (>= dty 0.0))
          (setq fwj1 (+ fwj1 0.0))
    )
    (if (and (> dtx 0.0) (< dty 0.0))
          (setq fwj1 (+ fwj1 360.0))
    )
(setq fwj1 (* fwj1 (/3.14159265358 180.0)))
(princ)
)
```

2.指定文本、字高、图层、注记起点和终点，完成两点间均匀注记汉字

```
(defun c:hzzj (/str zg layer pt10 pt20 s fa i j ds mm pt char)
  (setq str (getstring "请输入要注记汉字(不含空格和字符):"))
  (setq zg (getint "请输入注记字高:"))
  (setq layer (getstring "请输入注记文本所在图层名称:"))
  (setq pt10 (getpoint "请输入注记起点:"))
  (setq pt20 (getpoint "请输入注记终点:"))
  (setq  s  (distance pt10 pt20)
    fa (angle pt10 pt20)
  )
  (setq  i  0
    j(/(strlen str) 2)
    ds(/s (1- j))
  )
  (command "-layer" "s" layer "")
  (setq mm (getvar "osmode"))
  (command "osnap" "none")
  (while (< i j)
    (setq pt (polar pt10 fa (* i ds)))
    (setq char (substr str (+ (* i 2) 1) 2))
    (command "text"
       "j"
       "mc"
       pt
       zg
       (* fa 57.0)
       char
```

```
    )
    (setq i (1+ i))
  )
  (setvar "osmode" mm)
  (princ)
)
```

3. 对图中的所有多段线进行样条型拟合

```
;曲线拟合
(defun c:lh()
  (setq all_pline (ssget "X" (list (cons 0 "LWPOLYLINE"))))
  (setq i 0)
  (setq pline_i (ssname all_pline i))
  (while pline_i
    (command "pedit" pline_i "s" "")
    (setq i (+ i 1))
  (setq pline_i (ssname all_pline i))
  )
  (princ)
  )
```

4. 统一修改图形中的文本高度

```
;修改字高
(defun c:xgzg()
  (setq zg (getreal "请输入新的字高:"))
  (setq alltext (ssget "X" (list (cons 0 "TEXT"))))
  (setq i 0)
  (setq texti (ssname alltext i))
  (while texti
    (setq textent (entget texti)) ;text object data
    (setq zg_yz (cons 40 zg))
    (setq textent (subst zg_yz (assoc 40 textent) textent))
    (entmod textent)
    (setq i (+ i 1))
    (setq texti (ssname alltext i))
  )
  (princ)
)
```

限于篇幅,这里不能一一列举,以上源码仅供学习参考。

## 职业能力训练

训练一:利用 Visual LISP 集成开发环境,编写一个坐标方位角、边长反算程序,要求能对用户输入的任意两点,计算出这两点的坐标方位角和边长,并绘出图形,标注坐标方位角和边长。

训练目标:培养在 Visual LISP 集成开发环境中,开发简单测绘程序,调用 AutoCAD 绘图、编辑功能的能力。

操作提示:

(1)提示用户输入两点的坐标。

(2)根据两点坐标利用 Visual LISP 函数计算方位角、边长。

(3)绘制两点位置并连线,注记计算出的边长和方位角(设置默认的注记字高、沿线的前进方向,可左边注记方位角,右边注记边长),如图 5-4 所示。

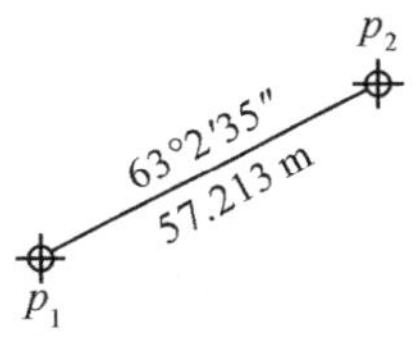


图 5-4　边长、方位计算成图实训示意

训练二:设计一种方案,通过键盘录入经纬仪所测的外业碎部点数据,实现内业 AutoCAD 中自动展点、连线。

训练目标:培养用所学知识解决实际问题的能力。

操作提示:

(1)设计一种数据文件格式,用以保存经纬仪所测的外业碎部点数据。

(2)用任一文本编辑器按设计的格式,录入外业碎部点数据并保存为一个文本文件A0. txt。

(3)编写一段源代码,从 A0. txt 中读入外业数据,计算每一个碎部点的 $x$、$y$、$h$,按一定的格式生成一个字串,如"点号,坐标 $x$,坐标 $y$,高程 $h$,编码",并将其写入一个新文件,同时在AutoCAD中展点,注记点号、高程或编码,并根据编码进行连线。

# 任务三　数字成图软件界面设计

## 一、 AutoCAD 菜单

菜单是 AutoCAD 的主控界面,AutoCAD 通过菜单来集成有关命令及选项。主窗口的菜单类型主要有下拉菜单、工具栏、屏幕菜单、图像控件菜单,另外还有人机交互对话框。

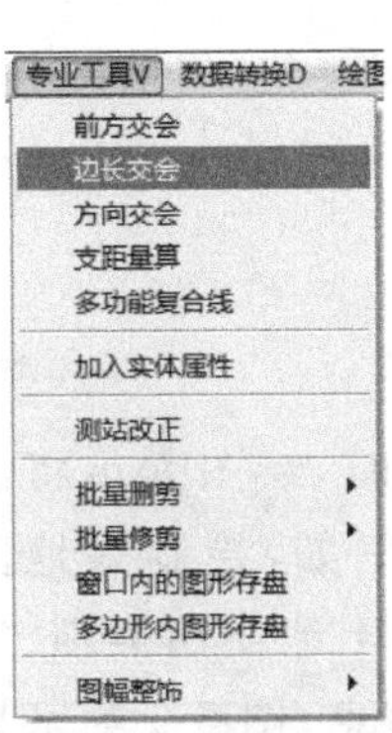


图 5-5　下拉菜单

### (一)下拉菜单

标准菜单条包括 11 个下拉菜单(pull-down menus),这些菜单包含了通常情况下控制 AutoCAD 运行的功能和命令。例如,"文件"下拉菜单,利用它打开、保存或打印图形文件等。

要选取某一菜单项,可用鼠标左键单击。同时,在图形窗口下的状态栏中,看到该菜单项和功能说明及对应的命令名。

某些菜单项右端有一黑色小三角,说明该菜单仍为标题项,它将引出下一级菜单,称为级联菜单,可进一步在级联菜单中单击菜单项。某些菜单项后跟"…",说明该菜单将引出一个对话框,通过对话框实施操作。若一菜单项为灰色,则表示该项不可选。图 5-5 为一典型下拉菜单。

### (二)工具栏

工具栏(toolbars)是另一种代替命令的简便工具,利用它可以完成绝大部分的绘图工作。目前有二十多个已命名的工具栏。某些工具栏包含经常使用的工具,如“标准工具”、“对象特性”工具栏。还有一些工具栏,如“渲染”、“UCS”工具栏等,在缺省的界面中是关闭的或隐藏的,但是当用户需要使用它们的时候,可以很方便地显示并将其放在一个合适的位置。用户可以将光标置于工具栏的按钮上从而迅速显示其名称,点击按钮便可执行命令,按鼠标右键显示“工具栏”选择对话框。工具栏使用非常方便,图 5-6 为地物编辑工具栏。

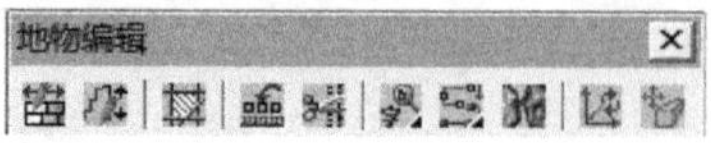

图 5-6 地物编辑工具栏

### (三)屏幕菜单

屏幕菜单是个综合性的菜单,位于 AutoCAD 主窗口的右侧。屏幕菜单按分页方式显示菜单标题项与菜单项,而若干个菜单项组合在一起构成一个子菜单。子菜单中又可以包括下一级的子菜单。选择菜单的某一菜单项,就会进入下一级子菜单或执行相应命令。通过屏幕菜单几乎可以访问 AutoCAD 的全部命令,图 5-7 为某软件的屏幕菜单。

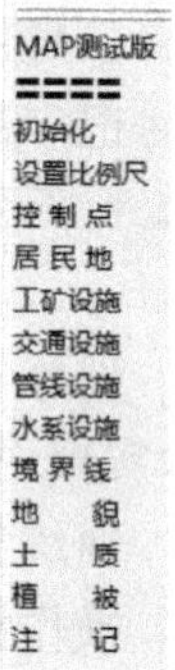

图 5-7 屏幕菜单

屏幕菜单缺省设置为不显示。若需显示,可按下述步骤进行。

(1)单击“工具”菜单中“选项…”,启动“选项”对话框。

(2)选择“显示”标签,呈现“显示”属性卡。

(3)选择“显示屏幕菜单”复选框,按“应用”和“确认”键,则在屏幕右侧出现屏幕菜单。

### (四)图像控件菜单

图像控件菜单是一种平铺的多个图形表示的菜单。由于图形的直观性,使得用户不必记忆命令或二次开发的扩展命令,只需单击表示所需操作的图形块即可,使用起来十分方便。多数情况下图像块菜单是通过下拉菜单或屏幕菜单调用的。当选择下拉菜单或屏幕菜单的某些项后,屏幕绘图区会出现相应的图像块菜单,图 5-8 为植被绘制的图像控件菜单。

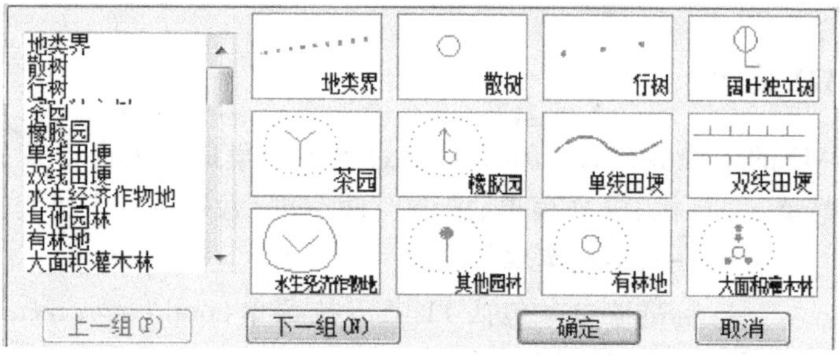

图 5-8 图像控件菜单

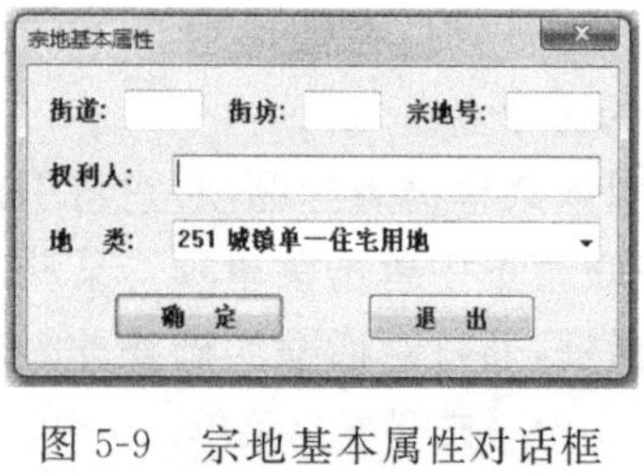

图 5-9 宗地基本属性对话框

### (五)人机交互对话框

人机交互对话框是 AutoCAD 绘图时,绘图人员将绘图所需参数告诉计算机的重要方法。例如,绘制宗地图时,需要绘图人员输入该宗地的权利人、土地使用类别、宗地所在的街道号和街坊号及宗地号等信息,图 5-9 为宗地属性录入的对话框。当绘制某些地图要素时,如果需要较多的参数，常采用这种方法完成人机交互。

## 二、AutoCAD 菜单文件

AutoCAD 主控界面用到的各种菜单，都是通过菜单文件来定义的。菜单文件的作用是建立起外部设备（如屏幕和数字化仪等）的某些区域与命令、选择项或某一预定功能的一一对应关系。而这一对应关系的实现，是通过执行一系列由命令及选择项组成的程序（或自己建立的应用程序和脚本文件）来完成的，每一段程序对应一个菜单项。有了菜单文件，才能方便地在菜单上拾取命令或选择项。利用菜单文件还可以扩充系统的功能，提高自动化设计的成分。菜单的开发是对系统进行二次开发的重要组成部分，掌握菜单文件的类型、结构及开发技术，就可以根据自己的专业特点及绘图要求，开发出适合的用户菜单，有条理地组织开发各功能模块。

对于一个数字成图系统而言，菜单的开发特别重要，可以通过在菜单中增加一个选项来提高绘图的效率。借助这种方式，某一项需多步才能完成的任务可以通过定义一个菜单选项来方便地实现。

早期的 AutoCAD 菜单文件是名为 acad. mnu 的文本文件。可直接编辑和操作的主要菜单文件是那些 ASCII 码格式的文件，如 MNU、MNS、MNC 等，可以通过 menu 命令加载菜单文件。在 AutoCAD 2006 中，整个菜单文件发生了改变。一个 XML 格式的文件 acad. cui 代替了 MNU、MNS 和 MNC 文件。用户可以使用对话框而不是直接对文件进行编辑。AutoCAD 2006 的主菜单文件是 acad. cui，用户可以对这个文件进行定制或者加载另一个 CUI 文件。

为了能恢复默认设置，在使用自己的自定义文件前，一般先把主菜单文件 acad. cui 进行备份。用户每次只能使用一个主自定义文件。如果需使用自己的自定义文件，用户首先得卸载当前的自定义文件。使用 cuiload 命令可以卸载和加载自定义文件。此时“加载/卸载自定义设置”对话框被打开，如图 5-10 所示。选择需要卸载的自定义文件，单击“卸载”按钮。

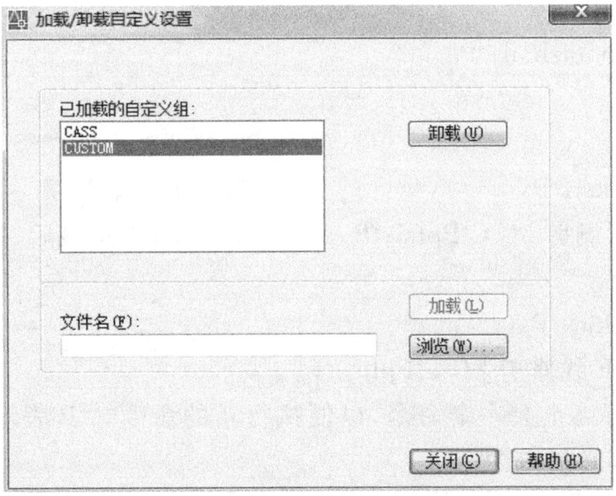


图 5-10　加载/卸载自定义设置

加载一个新的自定义文件的步骤如下。

（1）在“加载/卸载自定义设置”对话框里，选择当前自定义文件并单击“卸载”按钮。

（2）单击“浏览”按钮。

(3)找到并选择新的自定义文件，单击“打开”按钮。

(4)在“加载/卸载自定义设置”对话框中，单击“加载”按钮。

(5)单击“关闭”按钮，关闭对话框。

(6)选择“工具→自定义→界面”菜单命令(或者输入 cuiload 命令)。

(7)在自定义文件窗格中，顶部的下拉列表显示所有自定义文件。在窗格的最高项列出了当前自定义文件，右键点击这个文件并选择“重命名”，输入被加载了的自定义文件的名字，回车后，使自定义组名和文件名相匹配。

## 三、AutoCAD 定制菜单

在早期版本的菜单定制中，可以用 Visual LISP 集成开发环境编写一个“＊.mnu”的菜单文件，存盘时文件类型选择“＊.MNU”文件即可。需要装载该菜单界面时，在 AutoCAD 命令行输入“menu”回车，指定该菜单文件即可。具体定义方法如下。

### (一)定义下拉菜单

如图 5-5 所示下拉菜单，其对应的代码如下。

```
＊＊＊POP4                              ;表示这是第五列下拉菜单
[专业工具 &V]                           ;下拉菜单名称，Alt＋V 为快捷功能键
[前方交会]^C^C^Pqfjh;^P                 ;下拉菜单的第一个选项
[边长交会]^C^C^Pintersu;^P              ;下拉菜单的第二个选项
[方向交会]^C^C^Pangdist;^P
[支距量算]^C^C^Pzhiju;^P
[多功能复合线]^C^C^Pdjf3;^P
[——]                                    ;菜单项分隔线
[加入实体属性]^C^CPUTP
[——]
[测站改正]^C^C^Pmodizhan;^P
[——]
[—>批量删剪]                            ;“—>”表示带二级子菜单项
[窗口删剪]^C^C^Pcksj;^P                 ;第一个子菜单项
[<—依指定多边形删剪]^C^C^Pplsj;^P       ;第二个(也是最后一个)子菜单项
[—>批量修剪]
[窗口修剪]^C^C^Pckjq;^P
[<—依指定 PLINE 线修剪]^C^C^Ppljq;^P
```

说明：^C^C 表示强行终止上一个命令，以便执行新的命令。^P 表示如果刚刚执行完一次该命令，用户空格或回车重复该命令。

### (二)定制工具栏

在 AutoCAD 命令行输入“toolbar”或“cui”回车，可激活自定义用户界面窗口，右击“工具栏”，如图 5-11 所示，选择“新建→工具栏”，输入工具栏名称即可。

要在工具栏中加入功能项，可通过下方的“新建命令”，填写命令名称、说明、宏、图像等内容，点击“应用”，然后将该命令拖到新建的工具栏上即可。

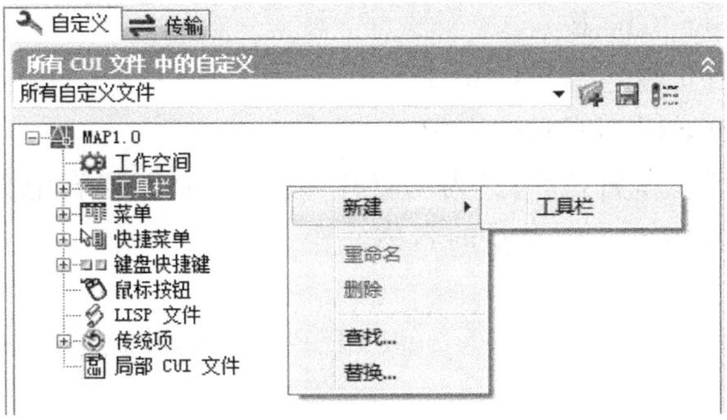


图 5-11　自定义工具栏

**(三)定义屏幕菜单**

如图 5-7 所示的屏幕菜单,其对应的代码如下。

```
* * * SCREEN 1                      ;屏幕菜单标识
* * SSS
[MAP 测试版]
[====]
[初始化]^C^C^P- -insert             ;MAP10
[设置比例尺]^C^C^Pcsh
[控制点]^C^C^P $ i=cld  $ i= *
[居民地]^C^C^P $ i=jmd  $ i= *
[工矿设施]^C^C^P $ i=dldw  $ i= *
[交通设施]^C^C^P $ i=dl0  $ i= *
[管线设施]^C^C^P $ i=gxyz  $ i= *
[水系设施]^C^C^P $ i=sxss  $ i= *
[境界线]^C^C^P $ i=xx  $ i= *
[地貌]^C^C^P $ i=dmdm  $ i= *
[土质]^C^C^P $ i=tztz  $ i= *
[植被]^C^C^P $ i=zbtz  $ i= *       ;激活名为"zbtz"的图像控件菜单(图 5-8)
[注记] $ i=zjl  $ i= *
```

**(四)图像控件菜单**

制作图像控件菜单,可以通过以下步骤实现。

(1)对要在图像控件菜单中显示的图像利用 AutoCAD 的"mslide"命令制作幻灯片。

(2)利用"slidelib"将所有的幻灯片生成一个幻灯片库。

(3)在"*.mnu"菜单文件中,编写图像控件菜单代码。如图 5-8 所示的图像控件菜单,对应代码如下。

```
* * * IMAGE                         ;图像控件菜单标识
* * ZBTZ 1                          ;名为"zbtz"的图像控件菜单
[植被类]
[map3(zb35,地类界)]^C^Cdlj ^P
[map3(zb19,散树)]^C^Css^P
```

[map3(zb20,行树)]^C^Chs^P

[map3(zb21,阔叶独立树)]^C^Ckydls^P

[map3(zb22,针叶独立树)]^C^Czydls^P

说明:“map3”为幻灯片库名,“zb??”为幻灯片名称,对应于列表中显示的幻灯片图像,“地类界”、“散树”等为菜单左边列表中显示的名称。

**(五)对话框的编写**

编写如图5-12所示的对话框,可在Visual LISP文字编辑器窗口中打开一个新文件,输入以下代码。

图5-12　系统初始化对话框

```
csh:dialog                        //对话框名称
{
  label="系统初始化";              //对话框标题
  :boxed_radio_row                 //定义一个单选框
  {
  label="选择比例尺";              //单选框的标识字串
  :radio_button
    {
      label="1:500";
      key="m5";
    }
  :radio_button
    {
      label="1:1000";
      key="m10";
    }
  :radio_button
    {
      label="1:2000";
      key="m20";
    }
  }
```

```
:boxed_radio_row
{
label="选择命令状态";
:toggle                              //定义一个开关按钮
  {
    label="围绕顶点产生线型";
    key="c1";
    value="1";
  }
:toggle
  {
    label="十字标记可见";
    key="c2";
    value="1";
  }
}
  ok_cancel;                         //使对话框自动添加确定和取消两个按钮
}
```

然后将上述代码保存为“＊.dcl”文件即可。

如果采用 Visual LISP 调用时，应编写以下调用代码。

```
;初始化
(defun c:csh()
  (setq dcl_dtszh (load_dialog "map.dcl"))
  (if(not(new_dialog "csh" dcl_dtszh)) (exit))
  (if (= setblc 2.0) (set_tile "m20" "1"))
  (if (= setblc 1.0) (set_tile "m10" "1"))
  (if (= setblc 0.5) (set_tile "m5" "1"))
  (setq setblc1 setblc)
  (action_tile "accept" "(csh_ok)")
  (action_tile "cancel" "(done_dialog)")
  (start_dialog)
  (unload_dialog dcl_dtszh)
  (if (/= setblc1 setblc)
  (progn
  (if (= setblc 0.5) (progn (command "gbblc1" 500 " ") (print "比例尺是 1∶500")))
  (if (= setblc 1.0) (progn (command "gbblc1" 1000 " ") (print "比例尺是 1∶1 000")))
  (if (= setblc 2.0) (progn (command "gbblc1" 2000 " ") (print "比例尺是 1∶2 000")))
  )
  (print "比例尺未改变!")
```

```
    )
  (princ)
)
```

随着 AutoCAD 的不断升级，基于 AutoCAD 的数字成图软件界面设计越来越方便。自 AutoCAD 2006 以后，对于下拉菜单、工具栏、屏幕菜单、图像控件菜单等都可以直接通过制定来完成。随着版本的升级，其方法稍有不同，可参考相应版本的帮助文件。

### 职业能力训练

训练一：在 AutoCAD 中利用 Visual LISP 集成开发环境，编写如图 5-5 所示的下拉菜单、如图 5-6 所示的工具栏、如图 5-7 所示的屏幕菜单及如图 5-8 所示的图像控件菜单。

训练目标：培养 AutoCAD 常用界面的设计能力。

训练二：请编写如图 5-9 所示的对话框，并编写调用该对话框的源代码。

训练目标：培养开发人机交互对话框的能力。

## 任务四　基于 AutoCAD 的点状符号库的建立

在《国家基本比例尺地形图图式 第一部分：1 ∶ 500 1 ∶ 1 000 1 ∶ 2 000 地形图图式》(GB/T 20257.1—2007)中，地图符号可以分为点状符号、线型符号、面状符号和等高线等四大类。其中的点状符号有上百种，如图 5-13 所示。

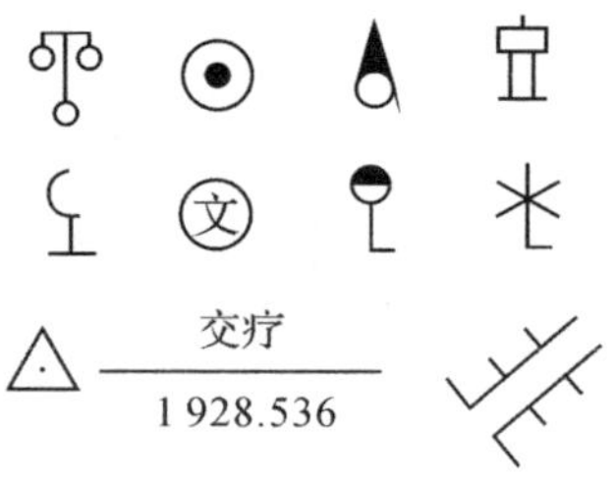


图 5-13　点状符号

点状符号按定位点的个数可分为单点定位的点状符号，如路灯、钻孔等；两点定位的点状符号，如开采的斜井井口；三点定位的点状符号，如过街地道等。按符号本身是否带有文本属性来分，可分为简单点状符号，如水塔、路灯等；带有属性的点状符号，如三角点、导线点等。

对于点状符号库的建立，目前在 AutoCAD 环境下开发的数字测图软件中，主要采用图块定义法和形定义法两种。

### 一、图块定义测量点状符号

#### (一)简单点状符号

对于简单点符号，如路灯，在大比例尺地形图中，规范规定的尺寸如图 5-14 所示，通过以下步骤建立一个“ld.dwg”的图块文件，调用时直接插入该图块。

(1)在 AutoCAD 中，利用绘图编辑命令、编辑命令按图式尺寸绘制该符号。

(2)利用“wblock”命令将该符号定义为一个块文件，基点为测量的定位点，命名为 ld.dwg。

(3)编写简单调用函数，实现在需要的位置任意插入该符号，代码如下。

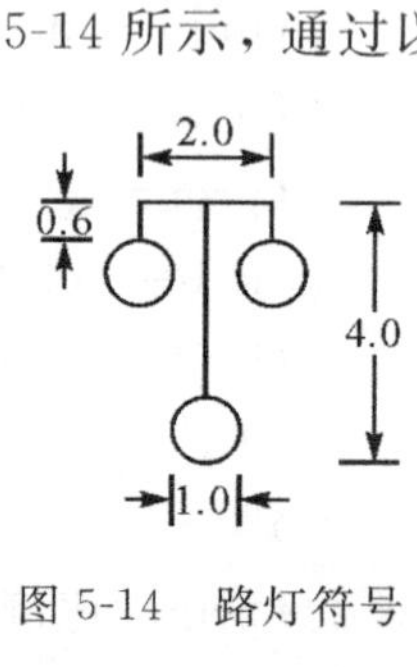


图 5-14　路灯符号

```
(defun c:ld (/pt)
  (setq pt (getpoint "请指定路灯的位置:\n"))
  (while pt
    (command "-layer" "s" "dldw" "")
    (command "-insert" "ld" pt blc blc "")
    (setq pt (getpoint "请指定路灯的位置:\n"))
  )
  (princ)
)
```

说明:blc 为绘图比例尺,每次开始绘制一幅新图时,提示用户选择比例尺。如果绘图比例尺为 1∶500,blc=0.5;如果绘图比例尺为 1∶1 000,blc=1.0;如果绘图比例尺为 1∶2 000,blc=2.0。

**(二)带有属性的点状符号**

对于带有属性的点状符号,如三角点,在大比例尺地形图中,规范规定的尺寸如图 5-15 所示,通过以下步骤建立一个“sjd.dwg”的图块文件,调用时先提示用户输入点名、高程两属性的属性值,插入该图块时直接对属性赋值。

(1)在 AutoCAD 中,利用绘图编辑命令、编辑命令按图式尺寸绘制该符号的图形部分。

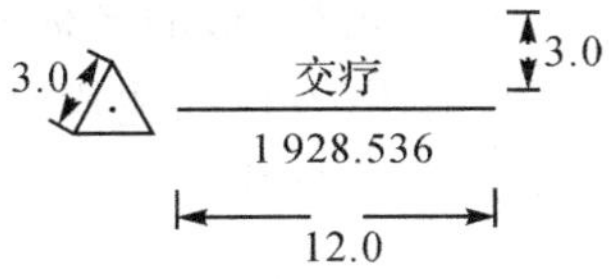


图 5-15　三角点符号

(2)利用“attdef”命令为图形部分定义点名(dianming)和高程(gaocheng)两个属性,字高为 3 个绘图单位,注意点名属性采用下中点对到分隔线的中心,高程属性采用上中点对到分隔线的中心下方的适当位置,和点名属性对称。

(3)利用“wblock”命令将该符号定义为一个块文件,基点为测量的定位点,命名为 sjd.dwg。

(4)编写简单调用函数,实现在需要的位置任意插入该符号,代码如下。

```
(defun c:sjd (/pt)
  (setq pt (getpoint "请指定三角点的位置:\n"))
  (while pt
    (command "-layer" "s" "kzd" "")
    (setq dianming (getstring "请指定三角点的名称:\n"))
    (setq gaocheng (getreal "请指定三角点的高程:\n"))
    (command "-insert" "sjd" pt blc blc dianming gaocheng)
    (setq pt (getpoint "请指定三角点的位置:\n"))
  )
  (princ)
)
```

通过图块定义测量点状符号,其特点是方法简单,可以定义所有的点状符号;对于一些两点定位、三点定位的点状符号,可以用同样的方法实现,只是在编写调用程序时需要计算方位、横向缩放因子、纵向缩放因子等。其缺点是每一个符号就是一个块文件,数据量大。

## 二、形定义测量点状符号

### (一)AutoCAD 中形的概念

形(shape)是 AutoCAD 中一种特殊的图形对象,其用法类似于块;与块相比,形的图形构成较简单,所占空间较小,绘制速度较快。因此,形适合于创建需要多次重复使用的简单图形,如简单点状符号、字体等。

形也是在形定义文件中定义的,形定义文件包含了构成一个形对象的所有单个元素的信息,包括直线和圆弧,是以".shp"为扩展名的 ASCII 文件。形定义文件需要编译后才能被 AutoCAD 所使用,编译后的形文件与形定义文件同名,其扩展名为".shx"。

### (二)形的定义

任何一个形的定义都是由标题行和描述行组成。

(1)标题行:以"*"为开始标记,用于说明形的编号、大小和名称,其格式为

*形编号,定义形的字节数,形名称

其各项意义如下。

——形编号:取值范围是 1～256,在同一文件中每个形编号应保持唯一性。

——定义形的字节数:表示形定义描述行的数据字节数,包括末尾的零。

——形名称:形的名称要求必须大写。

(2)描述行:由描述代码组成,代码之间由逗号分开,最后以 0 结束,定义字节行可以有一行或多行。其格式为

字节 1,字节 2,字节 3,…,0

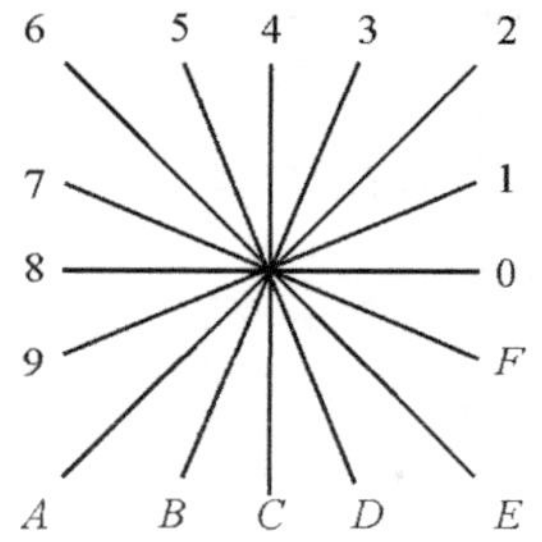

图 5-16 形定义

在描述行中,除专用代码外,形文件中的每一个字节代码都包括矢量长度和方向代码。矢量长度和方向代码是一个由 3 个字符组成的字符串。第一个字符必须为 0,表示后面的 2 个字符为十六进制值;第二个字符给出了矢量的长度,取值为 1～F;第三个字符表示矢量的方向,取值为 0～F,具体含义如图 5-16 所示。

所谓矢量长度是根据矢量方向,将其投影到 $X$ 轴方向或 $Y$ 轴方向的长度,如图 5-16 中 16 条线段的矢量长度相同。如图 5-17 所示的符号,定义形时可表示为

*1,8,ABC

020,023,04D,043,04D,023,020,0

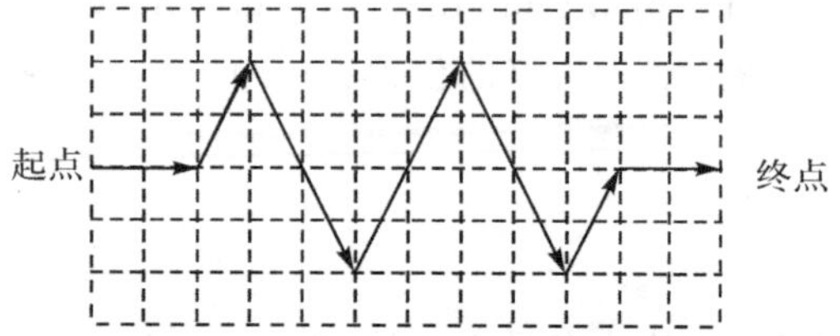

图 5-17 形符号

定义形的专用代码即矢量长度和方向代码所定义的长度和方向仅为十几种,为了创建更丰富的形,AutoCAD 提供了 15 种特殊代码(可使用十六进制或十进制),用于创建其他格式或

指定特定操作。定义形的专用代码的具体种类和意义见表 5-1。

表 5-1　形定义中的特殊代码

| 代码(十六进制) | 代码(十进制) | 意义 |
|---|---|---|
| 000 | 0 | 表示形定义结束 |
| 001 | 1 | 表示激活绘图模式(落笔) |
| 002 | 2 | 表示停止绘图模式(提笔) |
| 003 | 3 | 表示用代码的下一字节去除矢量长度,即比例缩小 |
| 004 | 4 | 表示用代码的下一字节去乘矢量长度,即比例放大 |
| 005 | 5 | 将当前位置压入堆栈,即保存当前位置 |
| 006 | 6 | 从堆栈弹出当前位置,即恢复由代码 005 保存的最后一个位置 |
| 007 | 7 | 引用其他形,代码的下一字节指定了被引用的形的编号 |
| 008 | 8 | 由当前位置绘制线段,代码的下两个字节指定了线段在 X、Y 方向上的相对位移 |
| 009 | 9 | 由当前位置开始绘制一系列的线段,代码后面的字节分别指定了各个线段在 X、Y 方向上的相对位移,最后以(0,0)为结束符 |
| 00A | 10 | 绘制八分圆弧 |
| 00B | 11 | 绘制分数圆弧 |
| 00C | 12 | 根据由 X、Y 位移和凸度绘制圆弧 |
| 00D | 13 | 多个指定凸度的圆弧 |
| 00E | 14 | 仅适用于垂直文字,用来将下一个字符绘制在前一个字符的下面 |

说明:在形定义的代码中可使用括号来增强可读性。

**(三)点状符号的定义及调用**

GB/T 20257.1—2007 中规定的旱地符号如图 5-18 所示,该符号的形可通过以下步骤来定义。

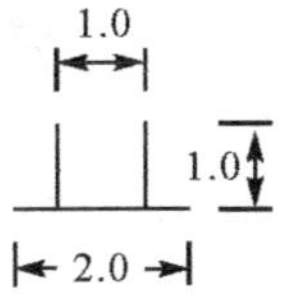

图 5-18　旱地符号

(1)使用 Windows 附件中的"记事本"程序创建一个新的文本文件。

(2)在该文件中输入如下两行代码。

```
*2,16,HD
018,024,002,02C,001,018,002,020,001,010,024,002,02C,001,010,0
```

(3)保存该文件,并命名为"dtfh. shp"。

(4)进入 AutoCAD,在命令行输入"compile",弹出"Select Shape of Font File"对话框,选中 dtfh. shp 文件后单击"确定"键返回;dtfh. shp 文件编译成功,生成了名为"dtfh. shx"的形文件。

(5)加载形文件。在命令行输入"load",弹出"Select Shape Font File"对话框之后,选中 dtfh. shx 文件,单击"Open"键返回即可。

(6)调用形。在命令行输入"shape",并根据提示输入以下内容。

```
Enter shape name or [?]: hd          //指定形名
Specify insertion point:0,0          //指定插入点(0,0),回车
Specify height <1.0000>:             //指定形的比例系数,回车即默认为 1.000 0
```

Specify rotation angle <0>：　　//指定形与水平方向的夹角，回车即默认为 0

如果采用 Visual LISP 来调用，代码如下。

```
(defun c:hd (/pt)
  (setq pt (getpoint "请指定位置:\n"))
  (while pt
    (command "-layer" "s" "zbtz" "")
    (command "shape" "hd" pt blc 0)
    (setq pt (getpoint "请指定位置:\n"))
  )
  (princ)
)
```

说明：为了使上述代码在启动 AutoCAD 时就能正常运行，需在系统路径下的"acad. lsp"文件中自动行动函数中加入语句"(command "load" "c:\\hd. shx")"，以加载相应的形文件。

### 职业能力训练

训练一：请从 GB/T 20205. 1—2007 中选择 20 种点状符号，建立点状符号库，并通过下拉菜单、屏幕菜单、工具条、图像菜单中的任一种形式挂接到 AutoCAD 中，实现点状符号的绘制。

训练目标：培养在 AutoCAD 环境中建立测量点状符号库的能力。

## 任务五　基于 AutoCAD 的线型符号库的建立

在国家标准 GB/T 20205. 1—2007 中，线型符号可以分为简单线型符号和复合线型符号两类。

简单线型符号如小路、内部道路、建筑中的房屋、阳台、门顶等，通过落笔走实线，抬笔空走就可定义，如图 5-19 所示的小路。

图 5-19　小路符号

复合线型符号如栅栏、铁丝网、活树篱笆等，线型中包含若干个子图，线型生成时从起点开始，由一个个子图按预定顺序进行排列，直到终点，如图 5-20 所示的栅栏。

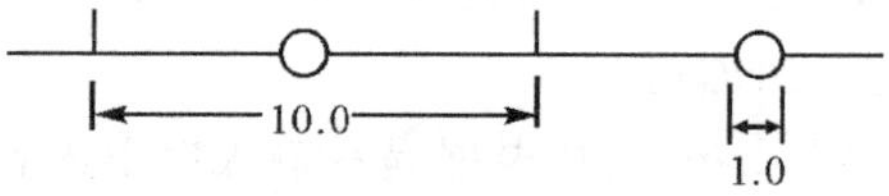


图 5-20　栅栏符号

## 一、简单线型的定义

AutoCAD 中的预定义线型是通过线型文件“acad. lin”定义，如果要自定义线型，可用记事本、写字板或 Visual LISP 编辑器打开该文件，加入要定义的线型即可，也可单独编写自己的线型文件，存盘后缀为“. lin”的文件。每个线型文件可定义多种线型，每种线型都有一个标题行和一个定义行。

（1）标题行格式为

＊线型名称，线型描述

其中，“＊”是行标记，它后面紧跟线型名，逗号之后是对这个线型的注释，为可选项。

（2）定义行格式为

A，dash1，dash2，…，dashi，…，dashn

其中，“A”表示为两端对齐方式；dash1，dash2，…，dashi，…，dashn 为短划线序列的每段长度。当 dashi＞0，表示落笔走实线；当 dashi＜0，表示抬笔空走；当 dashi＝0，表示绘一个小点。

如图 5-20 所示的小路符号定义为

＊XIAOLU，————

A，4，－1

将上两行加入到 acad. lin 的文件末尾，在 AutoCAD 中重新加载该线型文件后，就可使用小路线型，宽度可根据绘图比例通过线宽因子控制。

## 二、复合线型的定义

AutoCAD 不仅能定义由短线、间隔和点组成的简单线型，还可以根据行业的需要定义较为复杂的线型，如栅栏、篱笆、坎等线型。复合线型中可以嵌入文本和形，这一功能就为自定义各种线型提供了方便。

如图 5-20 所示的栅栏符号，其一个循环单元可分解为

［实线 5 mm，垂线 1 mm，实线 5 mm，直径为 1 mm 的圆，空线 1 mm］

绘制栅栏符号时，AutoCAD 将在用户指定的一连串顶点间，依次按尺寸排列上述循环单元中的每一个对象，即生成栅栏线型。在这种线型符号中，实线和空走与简单线型定义一样，通过正负实数来控制。所以本线型需要先定义两个型：1 mm 长垂线和直径为 1 mm 的圆，再定义栅栏线型，具体实现步骤如下。

（1）定义两个形：1 mm 长垂线和直径为 1 mm 的圆。具体定义步骤请参照本单元中任务四“基于 AutoCAD 的点状符号库的建立”中形定义的相关内容。现直接给出形定义的代码如下。

```
*3,2,CHUIXIAN
014,0
*4,10,CIRCLE
001,003,2,10,(1,-044),10,(1,-004),0
```

建议初学者将定义好的形文件编译，手工调用一遍，以确保正确。

（2）定义栅栏线型。线型定义在前面已介绍，有标题行和定义行。对于复合线型，形的调用方法为

［Shapename，Shapefilename，S＝scale_factor，R＝rotation_angle，X＝x_offset，Y＝y_offset］

其中,Shapename 为要调用的形名称;Shapefilename 为要调用的形所在的形文件的名称;S 为缩放因子;R 为旋转因子;X 为 X 方向平移因子;Y 为 Y 方向平移因子。

假设垂线和圆两个形所在的形文件名称为"map. shp",编译后将生成"map. shx",其形定义为

*ZL,ZHALAN

A,5.0,[CHUIXIAN,MAP. SHX,S=1.0,R=0,X=0,Y=0],5.0,[CIRCLE,MAP. SHX,S=1.0,R=0,X=0,Y=0],-1.0

(3)将 map. shx 放在当前路径下,在 AutoCAD 中加载包含栅栏代码的线型文件,即可绘制如图 5-21 所示的栅栏符号。

图 5-21 定义的栅栏线型符号

## 职业能力训练

训练一:请从 GB/T 20205.1—2007 中选择 10 种线型符号,建立线型符号库,并通过下拉菜单、屏幕菜单、工具条、图像菜单中的任一种形式挂接到 AutoCAD 中,实现线型符号的自动绘制。

训练目标:培养在 AutoCAD 中建立测量线型符号的能力。

# 任务六 基于 AutoCAD 的面状符号库的建立

在地形图、地籍图等专题图的制图过程中,常常要在给定的面状地物边界线范围内规则地填上某种地物符号,以表明该区域中植被或土质的类型。在国家标准 GB/T 20205.1—2007 中,面状符号形状各异,如图 5-22 所示。对于只由线段组成的简单的填充符号,可以通过 AutoCAD提供的自定义图案来实现。对于更多的面状符号,采用面状符号填充算法来实现则更具通用性。

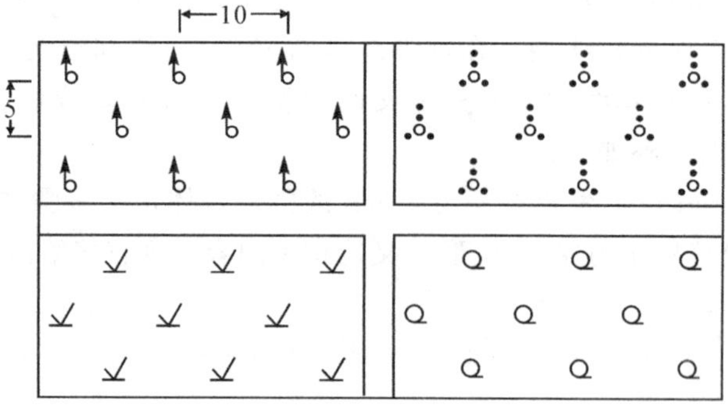


图 5-22 面状符号填充

AutoCAD 中自定义图案实现面状符号填充,填充图案只能是短划线、点、空线的任意组合,具有很大的局限性。某些填充图案需要用多种图线来生成图形,有时还可能是非线性元素,不能通过填充图案来生成。所以,下面主要介绍一种通用的面状符号填充算法。

设有如图 5-23 所示的多边形区域,其各顶点的坐标是外业实测的或是用数字化仪从纸图

上采集到的，现要在其内部填充上满足要求的面状符号。

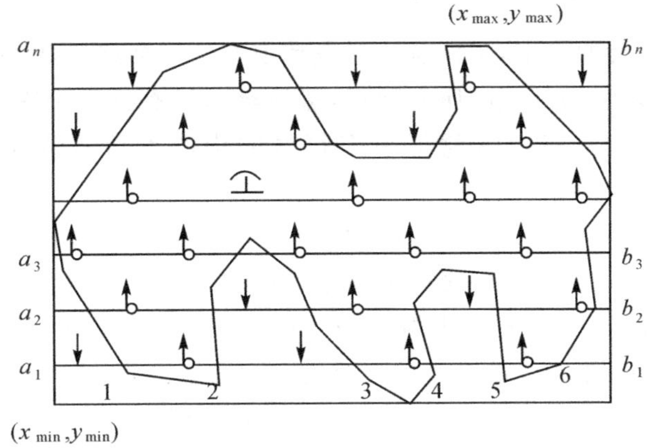


图5-23　面状符号填充

填充区域内；—填充区域外；—自动躲避独立坟符号。

首先可以编写一个供填充时调用的绘制单个旱地符号的子程序，然后找到填充区域中要填充该符号的中心点位置，再在该点上调用绘制单个旱地符号的子程序，从而实现该点上旱地符号的填充。这样，让计算机循环计算填充区域内各填充点的位置，就可以实现整个区域内旱地符号的自动填充。

## 一、符号填充间距的计算

由于数字地图是以数字形式存储在数据载体上的一种专题图，它的存储比例尺是1∶1，所以在填充面状符号时，需要将 GB/T 20205.1—2007 中要求的填充尺寸向实地转化，才能保证1∶1 的数字地图按比例缩小 $R$（$R$ 为成图比例尺的分母）倍后，输出到图纸上的各种填充符号满足 GB/T 20205.1—2007 的要求，并使整幅图比例一致，符号规范。为此，在填充面状地物符号时，要考虑一个转化常数。

设某种地物符号按 GB/T 20205.1—2007 规定，其填充时的行间距为 $X$ mm，所成图的比例尺分母设为 $R$，那么，在 1∶1 的数字地图上填充时的行间距 $L$ 应为

$$L=(X\times R)\ \text{mm}$$

$$L=(R/1\,000.0)\times X\ \text{m}$$

令 $K=R/1\,000.0$ 并称它为转化常数，那么有

$$\begin{cases} K=0.5，当\ R=500\ 时 \\ K=1.0，当\ R=1\,000\ 时 \\ K=2.0，当\ R=2\,000\ 时 \end{cases}$$

即当 GB/T 20205.1—2007 上要求某种地物填充时的行间距为 $X$ mm 时，在计算机中需要将 $X$ 乘上常数 $K$ 后作为自动填充时的行间距（假设用计算机中的一个绘图单位表示实地的 1 m）。这样，数字地图按比例缩小后输出到图纸上，就能满足 GB/T 20205.1—2007 的要求，并能保证填充上的符号规范化。

同样的道理，对于符号本身的尺寸，也必须在绘制时将其转化为相应的实地尺寸。

## 二、填充符号中心点位置的确定

填充符号中心点位置的确定，是面状符号自动填充的一个难点，可用如下方法确定。

(1)提取待填充的多边形区域的所有顶点，然后求出所有顶点中纵、横坐标的最大值和最小值：$x_{min}$、$y_{min}$、$x_{max}$和$y_{max}$。这样，就把填充符号的中心点位置限制在规则的矩形中，如图5-23所示。

(2)在确定的矩形区域中，依次沿线段$a_1b_1$，$a_2b_2$，…，$a_nb_n$进行逐行填充，直到$a_nb_n$线段上的点的$x$坐标大于或等于$x_{max}$时，就完成了整个区域的填充。

(3)设填充时的行间距为$a$，列间距为$b$；填充符号的高为$c$，宽为$d$($a$、$b$、$c$、$d$均为转化到实地的尺寸)；那么，从$a_1b_1$到$a_nb_n$的所有填充行的方程为

$a_1b_1: x_1 = x_{min} + c/2.0$　　　　//判断填充的初始行

$a_2b_2: x_2 = x_1 + a$

……

$a_nb_n: x_n = x_{n-1} + a$

判断的填充区间是($y_{min}$，$y_{max}$)。对于从$a_1b_1$到$a_nb_n$的每一行的填充，其填充符号中心点位置的确定是一样的，现以$a_1b_1$段上的填充为例，说明其确定方法。

(1)如图5-23所示，先找到线段$a_1b_1$即点($x_1$，$y_{min}$)与点($x_1$，$y_{max}$)的连线段，与多边形各边的交点1、2、3、4、5和6，然后将这些点按$y$坐标从小到大的顺序进行排列，然后将这些点形成一个个连续的区间段，即1-2、2-3、3-4、4-5和5-6。不难发现，排序后所有相邻点形成的区间段中奇数段在填充区域内，偶数段在填充区或外，即1-2、3-4、5-6三个区段在填充区域内，而2-3和4-5两个区间段在填充区域外。

当多边形的一个顶点在$a_1b_1$边上时，如图5-24所示，这时仍可用上述方法来判断，同样可以找到1-2、3-4和5-6三个区间段在填充区域内。

(2)从点$p(x_1, y_{min})$出发沿$y$轴方向走$b$长找到第一个填充点$p_i$，然后判断$p_i$点是否满足以下两个条件：①$p_i$点在填充区域的区间段上；②以填充符号对角线上的两个端点构成的矩形区域中(即Cross窗口内)没有其他地物符号(实现填充符号的自动躲避，如$p_i$点附近有一盏路灯，那么就不能再在$p_i$点上填充其他的地物符号)。

如果$p_i$点满足上述两个条件，那么就在$p_i$点上绘制一个旱地符号，否则就找下一个在$a_1b_1$上且其$y$坐标比$p_i$点的$y$坐标大$b$的点进行判断填充。这样，一直到填充点的$y$坐标大于或等于$y_{max}$时，即完成了沿$a_1b_1$的填充。

注意：当沿下一行$a_2b_2$填充时。为了使$a_2b_2$行上的填充符号都在$a_1b_1$行填充符号的空隙中间，可以从点($x_2$，$y_{min} - b/2.0$)开始进行判断填充。

## 三、面状符号自动填充的程序设计

根据上述的填充思路，在AutoCAD下利用Auto LISP语言编写面状符号自动填充的源程序，其程序设计的流程如图5-24所示($a$、$b$分别是填充符号的行间距和列间距，$L$是为了使相邻两行填充符号的位置错开$b/2.0$而引入的一个变量)。

限于篇幅，这里就不再附上编写的源程序。

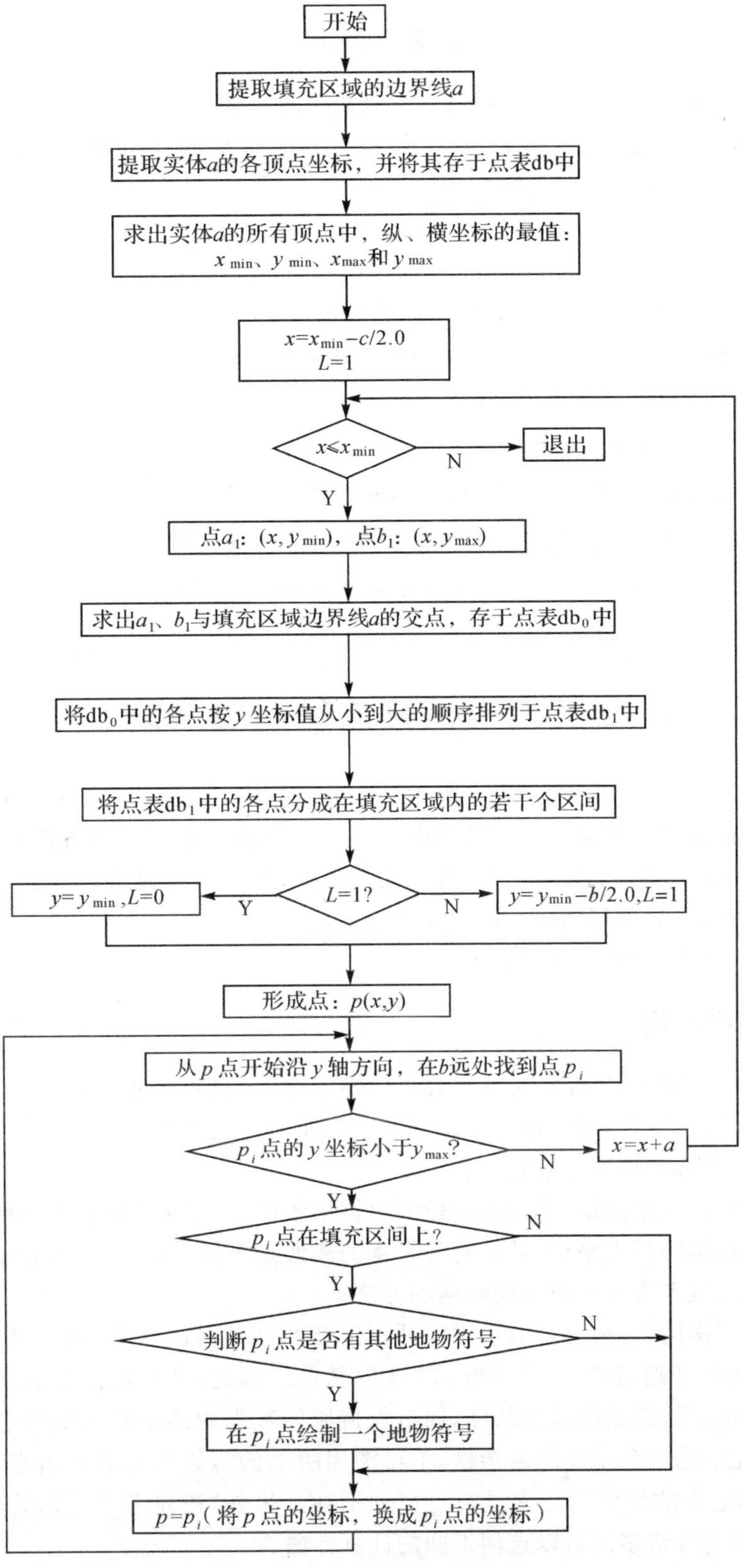


图 5-24　面状符号填充流程图

## 职业能力训练

训练一：请从《1∶500 1∶1 000 1∶2 000 地形图图式》中选择10种面状符号，建立面状符号库，并通过下拉菜单、工具栏、屏幕菜单、图像控件菜单中的任一种形式挂接到AutoCAD中，实现面状符号的自动填充。

训练目标：培养利用Visual LISP语言进行程序设计的综合能力。

操作提示：

(1)制作单个符号的块文件，如hd.dwg(旱地)、gml.dwg(灌木林)等。

(2)按本单元中任务五的基于AutoCAD的面状符号库的建立的方法，编写一个通用子程序，实现面状符号的填充，可参考下面的函数。

(defun mzfhtc (块名称(字串) 列距(整数) 行距(整数) 是否旋转(逻辑型)
自动躲避的横向宽度(整数) 自动躲避的纵向宽度(整数) /xmin xmax ymin ymax …)

(3)编写主程序调用通用的面状符号填充子程序，填充灌木林。单个灌木符号名称为"gm"，填充时列距20.0，行距10.0，填充时旋转；如果图上3.0 mm×3.0 mm范围内有其他地物符号，则不填充该符号。例如，(mzfhtc "gm" 20.0 10.0 t 3.0 3.0)。

# 任务七 网格法绘制等高线

野外测定的地貌特征点通常都是不规则分布的数据点，根据不规则分布的数据点绘制等高线可采用网格法或三角网法。网格法是由小的矩形方格或正方形方格排列成的格网，每个网格点的高程根据野外测定的不规则地貌特征点数据，按距离加权平均或最小二乘曲面拟合地表面等方法求得，然后根据网格点高程绘制等高线。

网格法绘制等高线的基本步骤如下。

## 一、建立规则网格

矩形格网是将区域平面划分为相同大小的矩形单元，以每个矩形单元顶点(或对角线交点)作为DTM数据结构的基础，如图5-25所示。矩形格网是DTM数据结构中规则形状格网类型中最常用的，正方形格网是其特例。

建立矩形格网的原始数据，若是利用航测仪器采集的，一般是在航测的立体模型上按等间隔直接采集矩形格网的顶点坐标；若是野外采集的离散点坐标，其分布通常是不规则的。这里只讨论从不规则离散点直接生成规则格网的方法。

为了建立矩形格网，必须通过数学方法计算出新的规则格网点的坐标。格网点的坐标是DTM构成和应用的基础，其精度将影响DTM的精度。因此，从离散点生成格网点的插值算法必须最大可能地保持原始数据的精度，同时保持原始数据中地形特征的信息。在实际应用中，由于地形变化的趋势和幅度的复杂性，不可能用明确的函数关系表达出来，只能根据有限数量的离散点和适当的插值方法来进行近似的描述。另外，还要考虑数据处理的效率、可靠性、内插数据的用途等诸多因素以选用不同的计算方法。

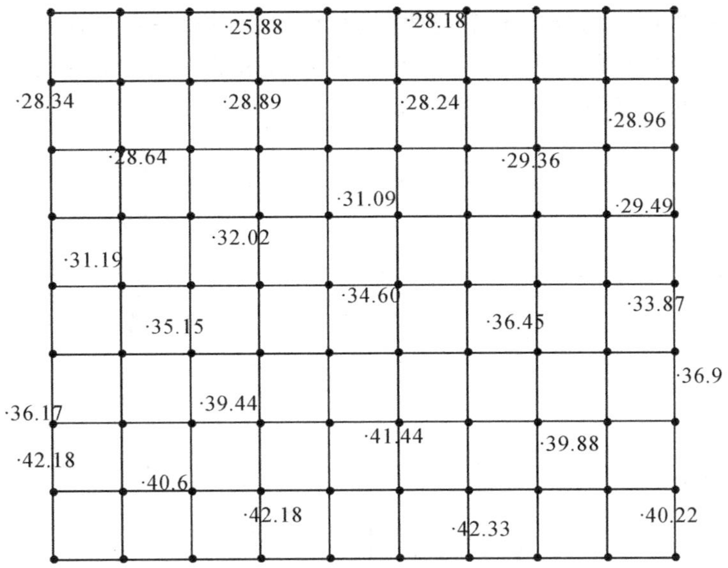


图 5-25　离散点网格化

从离散点生成规则格网一般采用逐点内插的方法，基本原理是以待插点为中心，定义一个局部函数来拟合周围的数据点，数据点的范围随待插点的位置变化而变化。目前，格网点的坐标可以通过移动曲面拟合、距离加权平均、有限元内插等方法得到。下面对移动曲面拟合法和距离加权平均法进行简单介绍。

**(一)移动曲面拟合法**

移动曲面拟合法的基本思想：对每个待插点选取其邻近的 $n$ 个参考点来拟合一个多项式曲面，一般选用的形式为

$$M=AX^2+BXY+CY^2+DX+EY+F \tag{5-1}$$

式中，$X$、$Y$ 为各参考点坐标值；$M$ 为其相应的属性值，可以是高程值、气压值；$A$、$B$、$C$、$D$、$E$、$F$ 为待定参数，它们的确定可以通过 $n$ 个参考点进行最小二乘法求解。

采用移动曲面拟合法需要解决两个关键问题：一是如何确定待插点的最小邻域范围以保证有足够的参考点；二是如何确定各参考点的权重。

邻近点选择一般考虑范围、点数和象限分布等因素，即考虑采用多大面积范围内的参考点来计算待插点的数值，选择多少参考点参加计算，参考点是否集中在某一侧。选择参考点时具体情况具体分析。

为了保证求解二次曲面方程，即解算出式(5-1)的 6 个待定参数，则选择的参考点数至少为 6，但是点数太多也不好，会影响内插精度。可以采用动态圆半径方法解决，它的思路是从数据点的平均密度出发，确定圆内数据点(平均可取 10)以求解圆的半径 $R$。

如图 5-26 所示的基于点数选取点，这时点数为 6。图 5-27 的基于范围选择点，选中的点都位于以待定格网点为圆心、以 $R$ 为半径的圆内；很显然，圆的半径取决于原始离散数据的分布情况和原始数据点的可能影响范围。

如果原始数据点分布均匀，上述方法可以很好地求解出格网点高程，但是有时数据点分布并不均匀。例如，被选择的点全部落在某一个或两个象限内，因此还应考虑点的分布方向，避免所选数据点集中在某一侧，导致其他方向点很少或是没有点。此时，可采用方位取点法，即

以格网点为中心，把平面平均分成 $n$ 个扇面，从每个扇面内取一点作加权平均，如图 5-28 所示，这就克服了数据点偏向的缺点。参考点的权重可以用参考点到格网点的距离平方的倒数作为计算标准，从而可以解算出格网点高程。

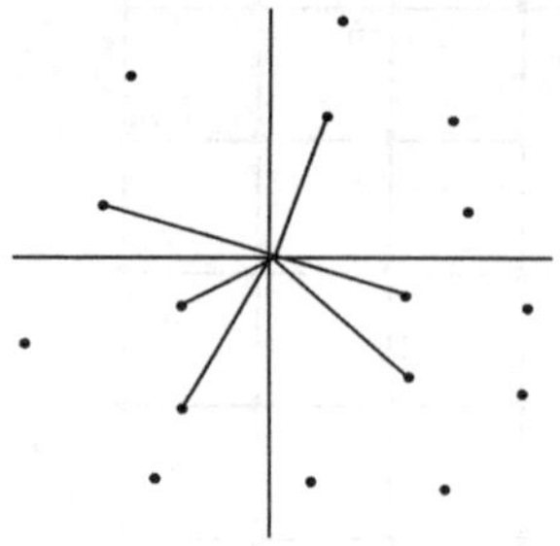

图 5-26　基于点数选取点

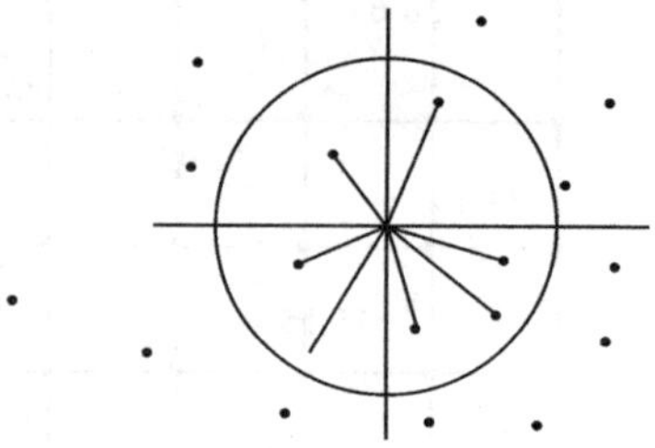

图 5-27　基于范围选取点

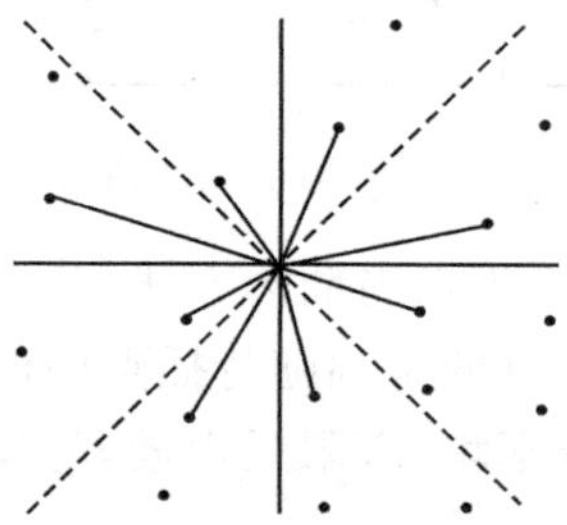

图 5-28　基于方位选取点

**(二)距离加权平均法**

距离加权平均法是基于研究区域内任一点的高程是受周围点高程的影响，其影响的大小与它们之间的距离成反比，选择周围的点数一般为 4～10 个点。为求格网点的高程，逐次对每个格网点，以格网点为圆心，以初始半径限定一个搜索圆。如果搜索到的数据点数在 4～10 个点之间，则计算格网点的高程；否则扩大或缩小圆半径，直至找到的点数是 4～10 个点为止，如图 5-29 所示。

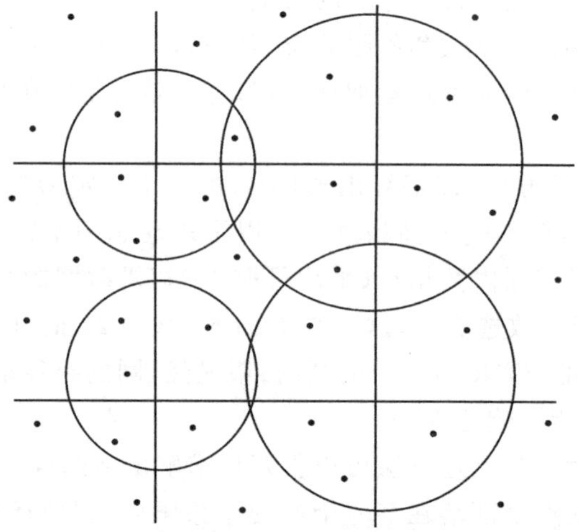

图 5-29　求格网点高程的搜索圆

若格网点的坐标为$(x_0, y_0)$，待求点的高程值为 $z$，在搜索圆内某数据点的坐标为$(x_i, y_i)$，高程为 $z_i$，那么该点到格网点的距离为

$$D_i=\sqrt{(x_i-x_0)^2+(y_i-y_0)^2}$$

则格网点的高程为

$$z=\frac{\sum(z_i/D_i)}{\sum(1/D_i)} \tag{5-2}$$

## 二、根据格网坐标绘制等高线

等高线的绘制是从矩形格网某个单元格的一个边开始的，等高线的延伸方向是根据矩形格网点的高程值决定的。所以等高线追踪的主要问题是计算等高线与矩形单元格的边的交点。

如果待追踪的某一条等高线高程值为 $h$，矩形格网的 4 个结点高程分别为 $h_1$、$h_2$、$h_3$ 和 $h_4$，那么：

（1）当 $h$ 大于 $\max(h_1,h_2,h_3,h_4)$或 $h$ 小于 $\min(h_1,h_2,h_3,h_4)$，该等高线均不经过该网格；

（2）当 $h$ 小于 $\max(h_1,h_2,h_3,h_4)$且 $h$ 大于 $\min(h_1,h_2,h_3,h_4)$，该高程值为 $h$ 的等高线经过该网格，且必定从一个边进入该网格，从另一个边穿出该网格。此时可能存在的情况如图 5-30 所示。

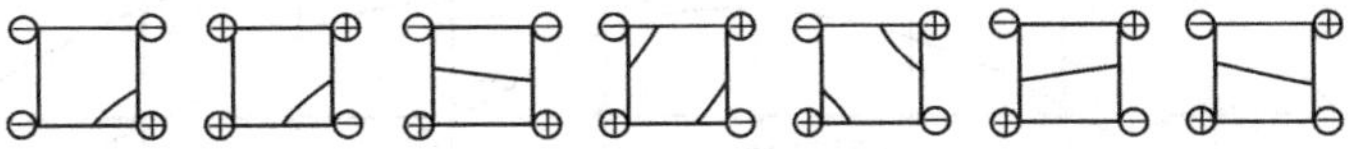

图 5-30　网格法绘制等高线

⊕—该格网点的高程大于 $h$；⊖—该格网点的高程小于 $h$。

如图 5-31 所示，设某一个边的两顶点分别为 $p_1(x_1,y_1,h_1)$、$p_2(x_2,y_2,h_2)$；$p(x,y,h)$是待追踪的高程为 $h$ 的等高线上的点，假设$(h_1<h<h_2)$。那么该等高线与 $p_2p_1$ 边的交点坐标为

$$\left.\begin{aligned} x&=x_2-\frac{x_2-x_1}{h_2-h_1}(h_2-h)\\ y&=y_2-\frac{y_2-y_1}{h_2-h_1}(h_2-h)\end{aligned}\right\} \tag{5-3}$$

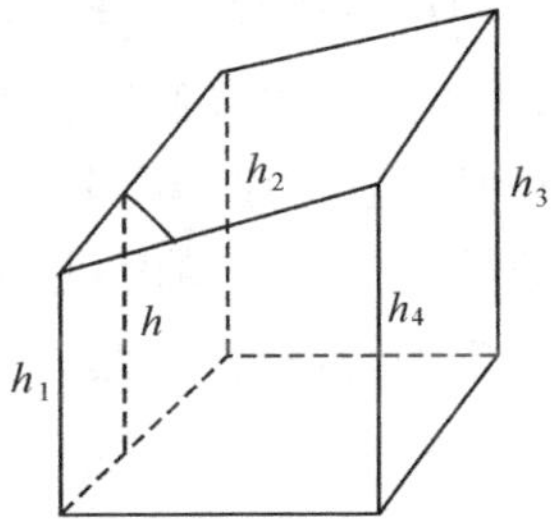


图 5-31　等高线通过点的位置确定

（3）当 $h$ 等于矩形格网点高程 $h_1$、$h_2$、$h_3$、$h_4$ 中的一个或几个时，这种情况并不常见，但是在矩形的 4 个顶点中如果有一个顶点的高程与等高线值相等，就会使判别等高线走向的复杂程度增加很多，如图 5-32 所示。在实际图中为高程等于等高线高程的顶点。

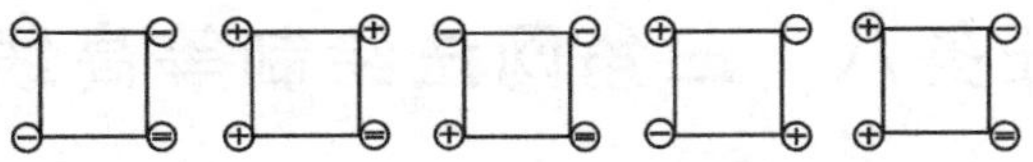

图 5-32　某等高线的高程等于某格网基顶点的高程

⊕—该格网点的高程大于 $h$；⊖—该格网点的高程小于 $h$；

⊜—该格网点的高程等于 $h$。

在实际应用中可能有各种复杂情况出现，最终决定等高线的走向需要参考邻近矩形单元的情况，可以把矩形单元进一步细分，在更小的单元内判断等高线走向。还可以在生成等高线时，对格网点进行预处理，即对计算出来的格网点高程，如果其高程值可能与某根等高线的高程值相等，那么可在精度允许的范围内加上一个很小的值(如 0.000 1 m)，避免格网点高程等于等高线高程。图 5-33 为网格法追踪的等高线。

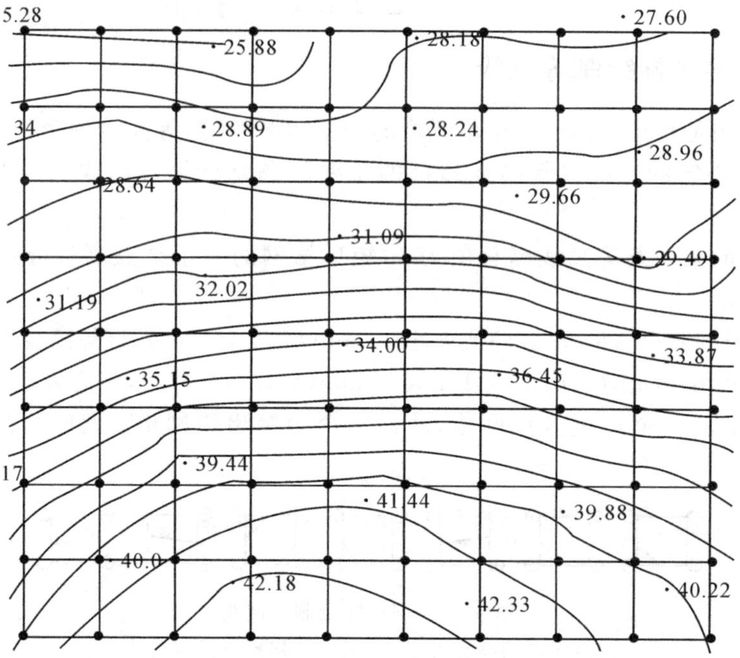


图 5-33 网格法绘制的等高线

网格法绘制等高线的精度同网格的大小即采点密度有很大的关系，在取较小间距的网格时，虽然可以提高制图精度，但要占用较大内存。这种方法不适于处理地性线。由于格网点的高程是通过对原始离散点拟合内插计算得到的，无论采用哪种算法，格网点的精度都不可能高于原始离散点的精度，相反，拟合后可能使得某些原始离散点的实测高程值发生改变，整个地形趋于平滑，精度较低。

### 职业能力训练

训练一：请利用给定的数据文件，通过方格网法绘制等高线，并完成等高线的编辑、整饰工作。
训练目标：掌握利用网格法绘制等高线的方法，了解网格法绘制等高线的优缺点。

## 任务八 三角网法绘制等高线

三角网法是直接利用原始离散点建立不规则三角网(triangulation irregular network，TIN)，再根据三角网中每个三角形边进行等高点的追踪连线，从而实现等高线的绘制。这种方法直接利用原始观测数据构成三角网，能有效地保持原始数据的精度，可方便地引入地性线,对于大比例尺数字测图较为适合。

## 一、不规则三角网的概念

不规则三角网是直接利用野外实测的离散的地形特征点,构造出相邻三角形组成的三角网模型结构。不规则三角网的基本单元是邻近三点构成的不规则三角形,这些坐标数据来源于实测成果。由于观测采样时选取观测点是由地形决定的,一般是地形坡度的变换点或平面位置的转折点,因此离散点在区域中呈现不规则、不均匀分布。图 5-34 为某区域的不规则三角网。

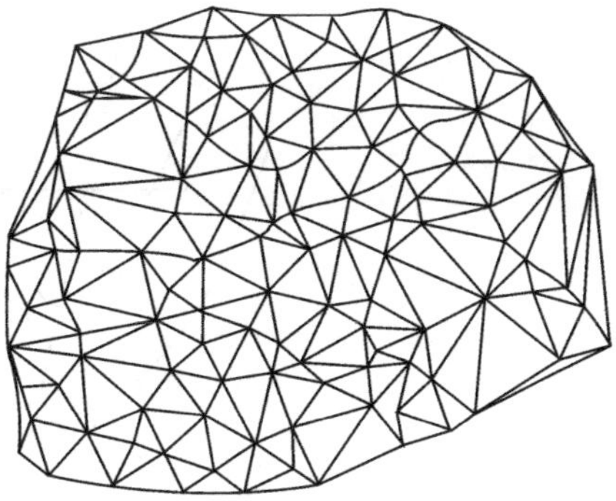

图 5-34　不规则三角网(TIN)

## 二、基于边的构网算法

在不规则三角网中对三角形的几何形状有一定的要求,一般应满足的原则:①相近的三点构成三角形;②构成的三角形接近于正三角形为最佳;③生成的不规则三角网结果唯一。按照上述原则,Delaunay 三角网被认为是最接近的最优三角网。Delaunay 三角网由相互邻接、互不重叠的三角形组成,其中每个三角形的外接圆内都不包含除了这三个顶点以外的任何数据点。Delaunay 三角网算法严密,最终的三角网具有唯一性,因而最为理想,所以不规则三角网通常采用 Delaunay 三角网构建。

由于地形等高线的绘制与气压等值线、等温线的绘制并不完全一样,往往需要地性线、断裂线等地形要素,所以需要根据地形等高线的特点,对 Delaunay 三角网的生成算法进行改进。

### (一)地性线的处理

计算机绘制等高线的方法与手工测图中等高线的绘制方法极为相似,就是在相邻的两个高程点的连线上内插等高线的通过点。如图 5-35 所示,这是计算机追踪的高程为 30 m 的等高线在三角形边上的通过点,经拟合后将变成光滑的等高线。

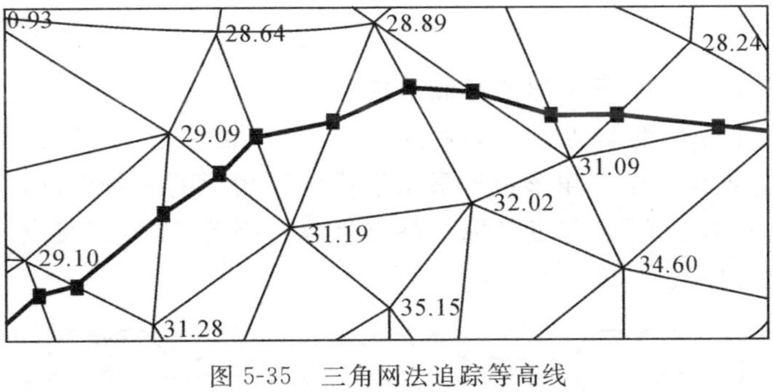


图 5-35　三角网法追踪等高线

因此,构成的三角网中的三角形必须在地表,不可以被架空,也不可以穿过地表面到地表下面。如图 5-36 所示,构成的△2-4-5 是不合理的,因为边 2-4、边 2-5 两个边仅穿过地表,利用这两个边内插出来的等高线是不合理的。正确的构法是沿山脊线 1-3-6 分别向两边构三角形,形成△1-2-3、△2-3-6、△1-3-5、△3-4-5、△3-4-6。同理,如果 *a-b-f* 为山谷线,△*c-d-e* 将被架空,边 *c-d*、边 *c-e* 都在空中,利用这两个边内插出来的等高线也是不合理的,正确的构法是

沿山谷线 $a$-$b$-$f$ 分别向两边构三角形。

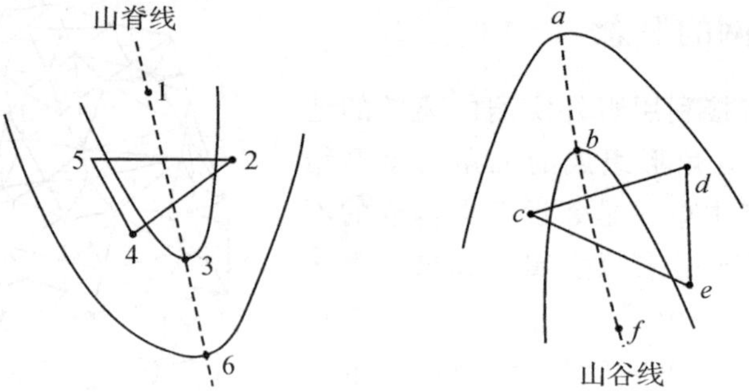


图 5-36　构网时地性线的处理

**(二)地形、地物禁区的处理**

对于地形突然变化的地段如陡坎、陡崖、斜坡等,在构成三角网时,如果不考虑断裂线,将会出现等高线失真的情况。对于陡坎而言,等高线将会出现从坎上穿到坎下的情况,导致等高线失真。如图 5-37 所示的坎,实测坎上点 1、2、3、4,构网时系统自动根据各点坎高在坎下加点 1′、2′、3′、4′,形成禁区(如果实测坎上、坎下点,系统可直接利用坎上、坎下点生成禁区),所构建的三角网如图 5-38 所示。对于其他的地形、地物禁区可以采用同样的方法构网,以实现等高线不穿过某些区域。

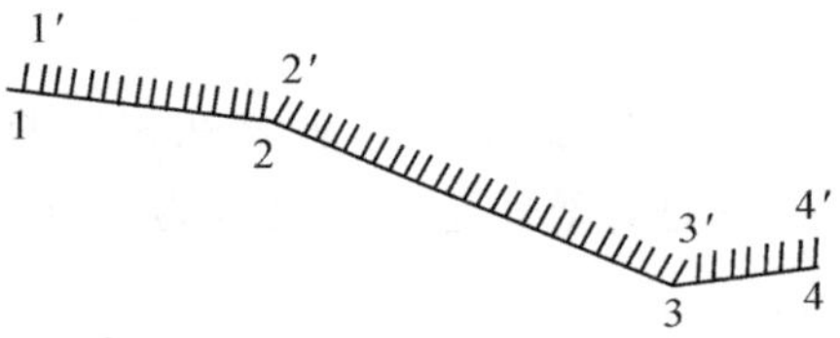


图 5-37　断裂线

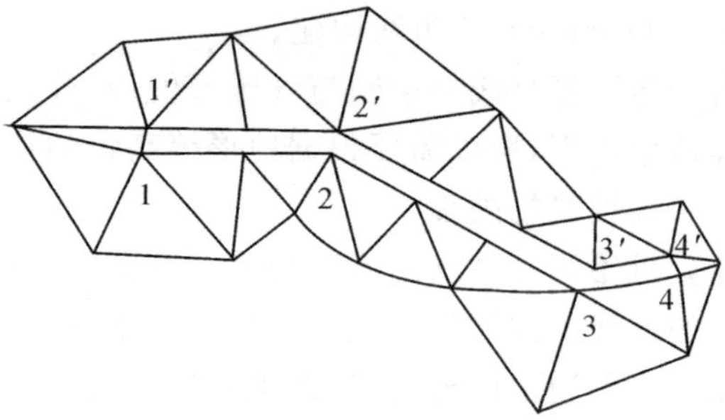


图 5-38　考虑断裂线的构网

**(三)构成三角网的点、边、三角形的存储结构**

生成三角网的目的是绘制等高线,绘制等高线时,需要在点、边、三角形之间实现如图 5-39所示的检索。即由一个三角形可检索出组成该三角形的三条边;由一条边可以检索出该边的左边三角形、右边三角形、起点坐标和终点坐标。因此,需要定义点、边、三角形三个自定义类,以便实现这种检索。

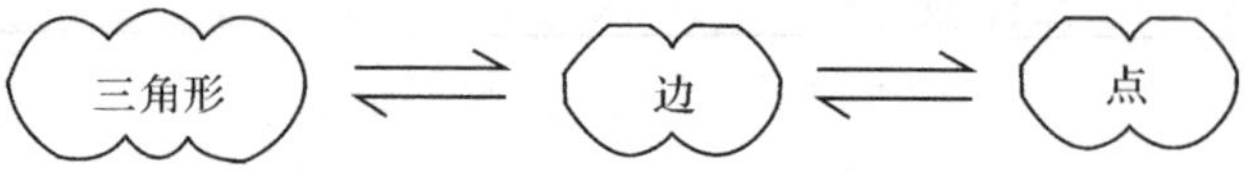


图 5-39　点、边、三角形的相互关系

点结构:

```
CLASS Vertex {
int NO;                          //点号
```

```
float x,y,z;                      //三维坐标
}
边结构:
CLASS Edge {
int NO;                           //边号
int triNO[2];                     //边的两邻接三角形号
struct Vertex * start, * end;     //两顶点的指针
}
三角形结构:
CLASS Triangle {
int NO;                           //三角形号
int edgeNO [3];                   //三条边的边号
}
```

**(四)基于边的构网算法**

其基本步骤如下。

(1)在构网区域内连接地性线、断裂线,不过等高线的地形、地物边界,形成若干条控制边。

(2)以所有控制边为基边,向外扩展三角形。

(3)以已形成的三角形的边作为基边向外扩展三角形,直到所有三角形都不能向外扩展为止。

构成三角网的流程如图 5-40 所示。

**(五)由基边生成三角形的方法**

确定三点是否满足 Delaunay 三角形的充要条件是过这三点的外接圆内不包含除了这三点外的任何其他点。如图 5-41 所示,已知某一基边 $AB$,现在 $AB$ 两边各找一个点和 $AB$ 构成 Delaunay 三角形。可先找出 $AB$ 两边所有可能和它构成 Delaunay 三角形的点,以 $AB$ 为 $x$ 轴正向,建立假定坐标系 $xoy$,通过旋转变换可将实测点的坐标变换到 $xoy$ 坐标系中,旋转变换的公式为

$$\begin{cases} x=(X-X_A)\cos\alpha+(Y-Y_A)\sin\alpha \\ y=-(X-X_A)\sin\alpha+(Y-Y_A)\cos\alpha \\ \alpha=\arctan\dfrac{Y_B-Y_A}{X_B-X_A} \end{cases}$$

坐标变换后,按坐标点的 $y$ 值的正负将这些点分成两组。图 5-41 中的 2、3、4 为一组,7、8、9、10 为一组,分别过这些点和基边两端点 $A$、$B$ 作圆,求出在局部坐标系中的圆心坐标,即可找到和基边 $AB$ 构成 Delaunay 三角形的点。

合理地组织外业观测数据,可以减少构成 Delaunay 三角形时对点的判断次数,从而提高构网速度。在上述旋转判断法中,存在一个寻找基边附近所有可能和基边满足 Delaunay 三角形的点的问题。如果对所有的点进行判断,将花费很多时间。其实,和基边满足 Delaunay 三角形的点只可能是位于它附近的点,离它太远的点根本不用判断。为了只对基边附近尽量少的点进行判断,又保证不漏掉能和它构成 Delaunay 三角形的点,可以采用栅格索引法来组织数据。如图 5-42 所示,通过网格法来存储所有外业观测数据,每个网格中记录了该网格中所

有的外业实测数据。如果边 91-92 为基边，那么只需判断边 91-92 所通过的网格和这些网格周边的网格中的点（如图 5-42 所示的阴影网格），这比对所有点进行判断要快得多。

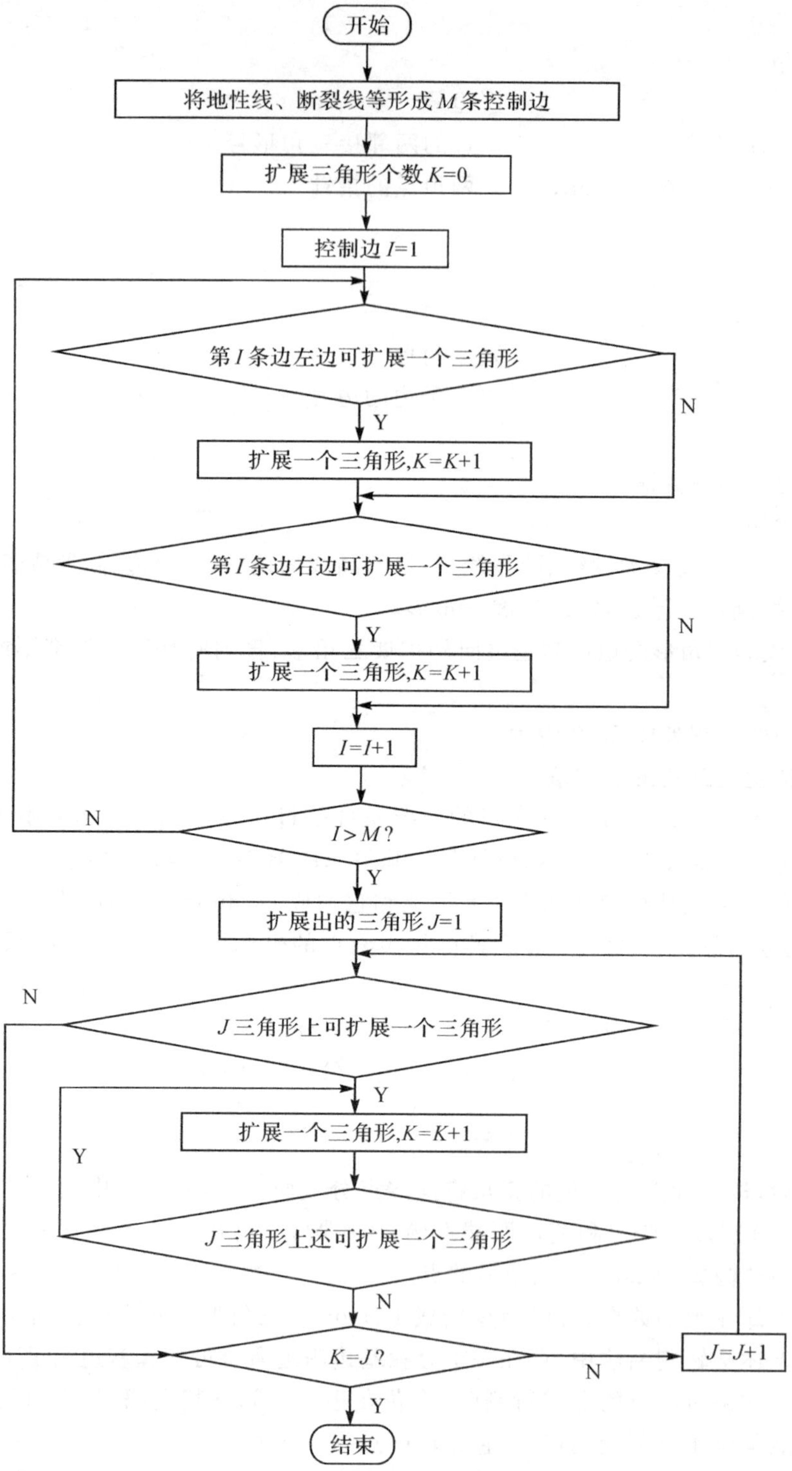


图 5-40 三角网构网流程图

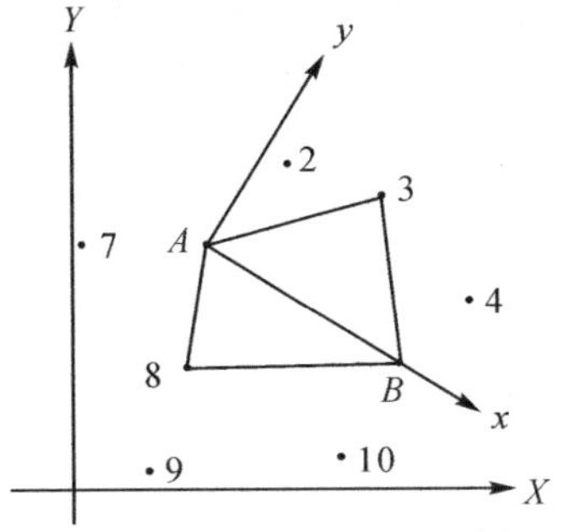


图 5-41　生成三角形

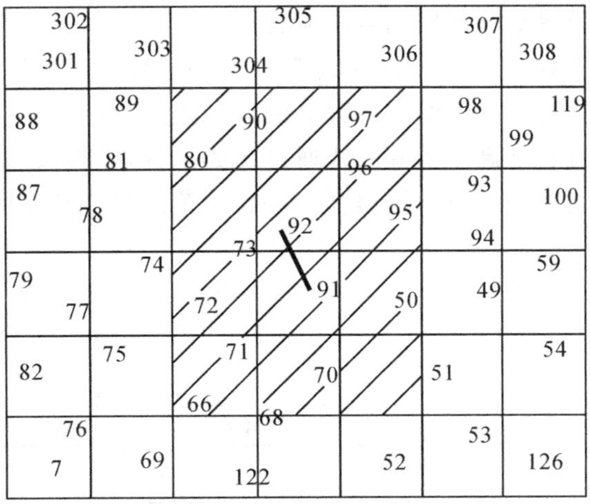


图 5-42　栅格索引法组织数据

## 三、等高线的自动绘制

由不规则三角网生成等高线的原理，如图 5-35 所示，就是依据三角形顶点的高程值与等高线高程的关系，判断等高线是否与三角形的边相交，如果相交，求出连续的一串交点（等高点），依次连线、拟合就可生成等高线。

### （一）等高线通过三角形边的判定

依据三角形顶点的高程值与等高线高程的关系来判断等高线是否与三角形的边相交。

设某三角形边的两顶点为 $A(x_1, y_1, h_1)$、$B(x_2, y_2, h_2)$，待追踪的等高线高程为 $h$，那么该等高线通过该边的判定方法如下。

$$\Delta h=(h-h_1)(h-h_2) \tag{5-4}$$

（1）当式（5-4）中的 $\Delta h<0$ 时，待追踪的等高线与 $AB$ 边相交。

（2）当式（5-4）中的 $\Delta h>0$ 时，待追踪的等高线与 $AB$ 边不相交。

（3）当式（5-4）中的 $\Delta h=0$ 时，待追踪的等高线通过 $A$ 点或 $B$ 点。此时，为了处理的方便，在精度允许的范围内将 $A$ 点或 $B$ 点的实测高程加上一个微小值（如 0.000 1 m），使其值不等于待追踪的等高线高程值，如图 5-43 所示。

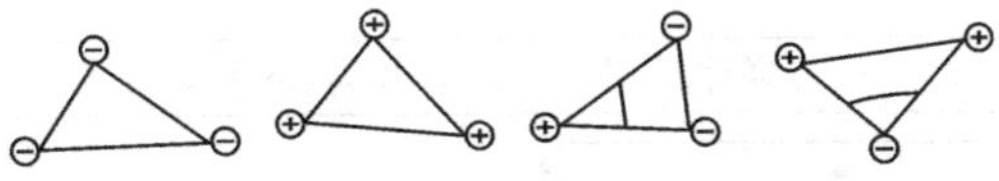

图 5-43　等高线与三角形边的关系

⊕—该实测点的高程大于 $h$；⊖—该实测点的高程大于 $h$。

### （二）等高线的平面位置

如图 5-44 所示，$\triangle p_1p_2p_3$ 中的边 $p_1p_2$ 上的高程为 $h$ 的点 $p$ 的坐标为

$$\begin{cases} x=x_1-\dfrac{x_1-x_2}{h_1-h_2}(h_1-h) \\ y=y_1-\dfrac{y_1-y_2}{h_1-h_2}(h_1-h) \end{cases}$$

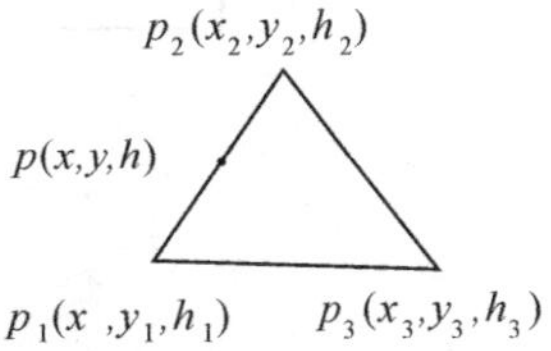


图 5-44　等高线通过点 $p$ 的位置计算

**(三)追踪等高线的算法流程**

在不规则三角网中,追踪等高线的过程可以对所有的三角形边进行判断,依次处理邻接的三角形。对于某一给定高程值的等高线,从三角网数字高程模型的第一条边开始扫描,判断该边上是否有该高程的等高线通过。如果有,则将该边作为起始边从左边三角形开始追踪;如果该等高线回到起点,说明是闭合的,该等高线追踪完毕;如果未回到起点,而是遇到禁区或到了三角网边沿而终止,那么,必须从起始边的右边追踪另一半等高线,直到结束为止,最后再将两条等高线合为一条即可。具体算法流程如图 5-45 所示。

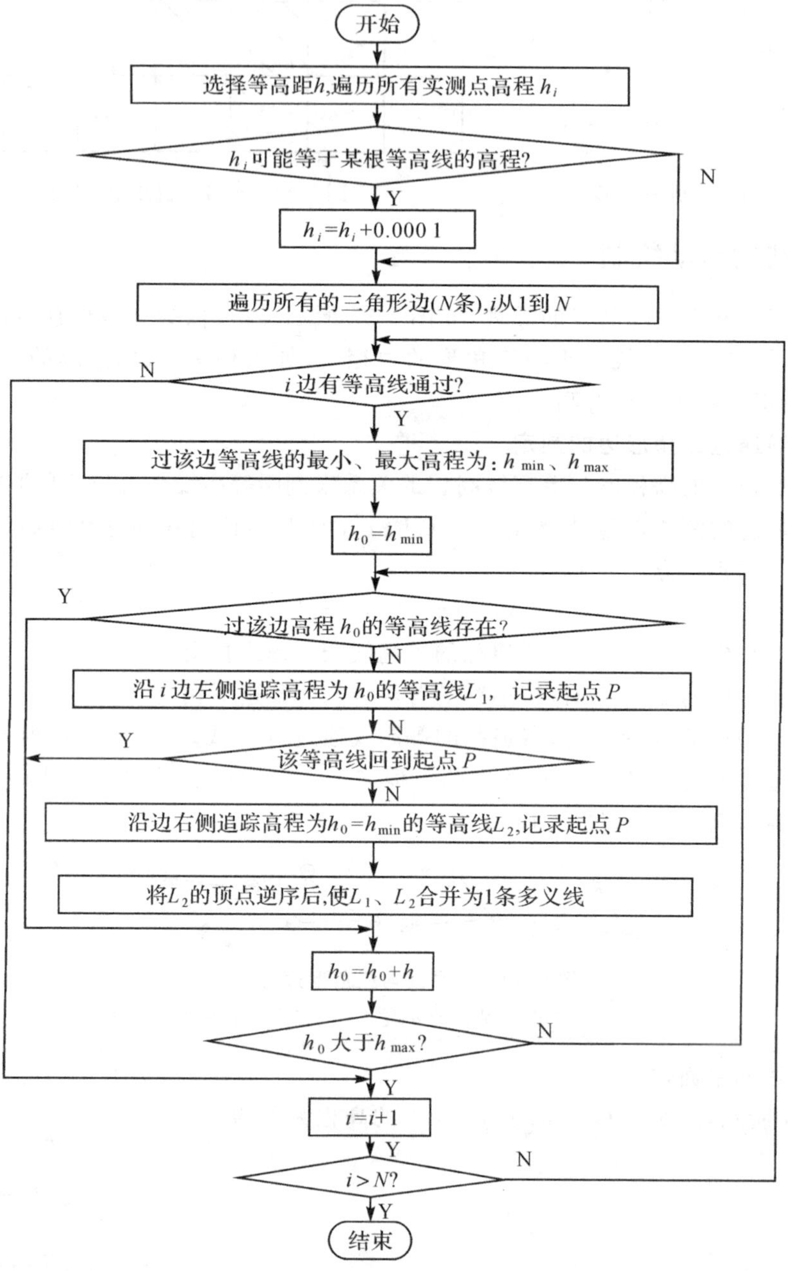


图 5-45 等高线追踪流程图

等高线追踪完毕后,即可进行光滑处理。目前等高线的拟合方法很多,其中的张力样条拟合法较好。

## 职业能力训练

训练一:请利用给定的数据文件,通过三角网法绘制等高线,并完成等高线的编辑、整饰工作。

训练目标:训练利用三角网法绘制等高线,熟练掌握三角网法绘制等高线的方法和步骤。

## 单元小结

本单元主要讲述计算机地图制图的基本理论知识,包括计算机地图制图基本知识、数字成图软件及 AutoCAD 二次开发方法、点状符号库的建立、线型符号库的建立、面状符号的填充算法等,并对等高线的自动追踪算法介绍了网格法和三角网法。通过本章的理论教学和具体项目训练,要求掌握 AutoCAD 中测量点、线、面符号的开发方法及等高线追踪的算法,为学习数字成图软件提供必要的理论支撑。对于具体的数字测图软件的使用,可根据教学所用的测图软件,参考其使用说明书来学习。

## 思考与练习题

1. 计算机地图制图的主要作业步骤有哪些?各步骤的主要工作是什么?

2. 计算机地图制图有什么特点?

3. 计算机地图制图系统包括哪些部分?

4. 在网格法绘制等高线时,离散点网格化的方法有哪些?

5. 在网格法绘制等高线时,如何根据格网点的三维坐标计算某一高程的等高线通过点的 $x$、$y$ 坐标?

6. 网格法绘制等高线有什么特点?

7. 什么是不规则三角网(TIN)?

8. 不规则三角网对三角形的几何形状有什么要求?

9. 建立不规则三角网时,怎样考虑地性线、断裂线和地物禁区?

10. 三角网法绘制等高线时,设计专门的点、线、三角形数据结构的目的是什么?

11. 已知某一基边 $MN$,如何找到一个点使其和 $MN$ 构成 Delaunay 三角形?

12. 已知某个 Delaunay 三角形的三个顶点坐标,如何计算某一高程的等高线通过点的坐标?

# 单元六　地图数字化

[单元概述]

数字地图除了可以用地面数字测图方法获得外，也可以用纸质图数字化的方法获得。在生产实际中，常将纸质图通过数字化仪和扫描仪等设备输入到计算机中，用专业软件进行处理和编辑，将其转换成计算机能识别的数字地图，这个过程称为地图数字化。本单元主要介绍扫描矢量化和手扶跟踪数字化两种地图数字化的作业方法。

[学习目标]

通过本单元的学习，要求掌握地图扫描矢量化和手扶跟踪数字化两种地图数字化方法，能完成大比例尺地形图的数字化工作。

## 任务一　地图扫描矢量化

地图扫描矢量化就是借助扫描仪将地图扫描成栅格图像，通过扫描矢量化软件将栅格数据转化为矢量数据，以实现地图数据的计算机管理。扫描矢量化的基本过程主要包括以下操作步骤。

(1)地图扫描：通过扫描仪将纸质地图信息转化为栅格图像。

(2)扫描图像预处理：对扫描后的栅格图像进行二值化、平滑及细化等一系列处理。

(3)屏幕数字化：将栅格图像矢量化以获取数字地图。

(4)数字图像编辑、整饰：对矢量化后的线划图进行编辑、整饰、拼接等，这是矢量化工作的最后一道工序。

### 一、地图扫描

地图扫描是利用扫描仪对原纸质图进行扫描，生成一定分辨率按行和列规则排列的栅格数据，其文件格式为 PCX、GIF、TIF、BMP、TGA 等。

常见的扫描仪有平板扫描仪和滚筒扫描仪两种，分别如图 6-1、图 6-2 所示。

图 6-1　平板扫描仪

图 6-2　滚筒扫描仪

## 二、扫描图像预处理

经过扫描得到的图像往往存在许多不足，包含各种各样的畸变与噪声，图像预处理就是去除这些畸变和噪声，使扫描图像更易于提取和识别，其中包括图像的二值化、灰度变换、平滑与去噪、收缩与膨胀、细化等。

### (一)图像的二值化

扫描后获得的栅格图像，每个像素都具有一定的灰度值。工程图学领域一般处理的都是二值图像，即背景像素和目标像素两种。这是因为二值图像存储的效率高、速度快，数据量小。扫描地图的图形信息相对于背景信息来说都是一些轮廓分明、灰度均匀的区域，图形信息和背景信息分别对应于图像灰度直方图的两个峰，因此可以在这两个峰值之间找到一个特定的阈值，将整个图像分成背景图像和目标图像两个部分即进行图像分割。将整个图像二值化，就是把灰度图像变换为黑白二值图像。图像的灰度直方图如图 6-3 所示。

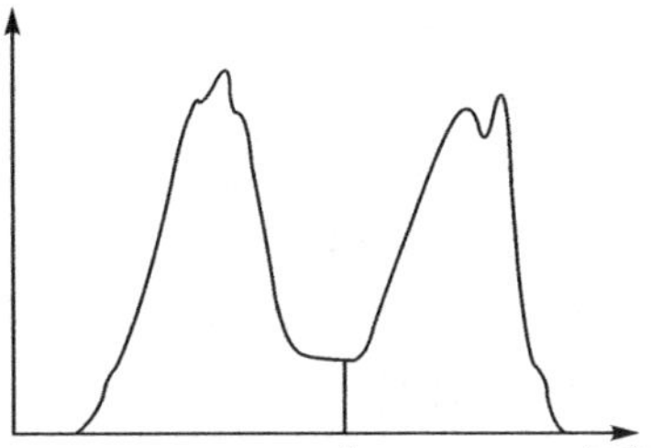

图 6-3　图像的灰度直方图

图像的灰度直方图的横轴表示灰度值，纵轴表示某个灰度值出现的频度。频度是指具有某一灰度值的像素在图像中出现的次数或在整个图像的像素中所占的百分比。二值图像是一种特殊的灰度图像，其像素的灰度值只有两种可能的取值。通常图像像素值取 1，背景像素值取 0。二值化的处理可以按照阈值处理来进行，即

$$\psi(i,j)=\begin{cases}0, f(i,j)<T \\ 1, f(i,j)<T\end{cases} \tag{6-1}$$

其中，$f(i,j)$为图像中像素$(i,j)$的灰度值，$T$ 为阈值。在实际的工程图纸中，通常背景像素为白，目标像素为黑，因此在程序的编制中应将所得像素的灰度值进行一个取反操作，才能保证结果正确。

### (二)图像的灰度变换

新的图纸，图面光滑清晰，无须灰度变换处理；而旧图纸，通常颜色灰暗，图面模糊不清，在扫描成为栅格图像时存在较多的噪声和干扰。灰度变换主要目的是解决扫描图像的灰度分布过于集中而不易分辨图像细节的问题，有指数变换、对数变换、线性拉伸等几种常见的处理方法。

### (三)图像的平滑与去噪

在实际应用中，扫描的图纸都会存在以下问题。

(1)图纸存放年代久远，发黄变暗。

(2)扫描仪扫描时阈值选择不当，致使图面不清晰。

(3)图纸经过多次使用和复印，图面不平整产生褶皱，存在污迹。

(4)绘制图纸时，线条粗细不均。

这些问题影响图像的后续处理操作。例如，噪声的出现将影响后续处理的精度，因为细化算法对噪声很敏感，噪声的出现导致细化线条的骨架偏离正确位置，从而影响到下一步的线划跟踪，因此必须在图像预处理阶段将扫描图像中的噪声消除。噪声包括毛刺、空洞、凹陷等，消除这些噪声一般采用平滑或滤波操作。

#### （四）图像的收缩与膨胀

在图像处理中，收缩就是指把图像的边缘像素变换为背景像素而使图像缩小一层的处理。相反，图像的膨胀就是把图像的背景像素转变为图像的边缘像素而使图像扩大一层的处理。收缩和膨胀反复组合使用，就可以去除图像中的孤立点、孔穴等。

需要注意的是，收缩和膨胀可以组合使用从而消除图像中的孔洞和小成分等噪声，但使用这两种操作的顺序不可以颠倒。也就是说先膨胀后收缩的效果和先收缩后膨胀的效果不一定相同。例如，对于扫描图像上存在的孔洞和断点等，就只能用先膨胀再收缩的方法消除。图像经过收缩和膨胀后可能仍然存在一些孔洞、断点，这时还可以利用图像的平滑模板来消除这些噪声。

#### （五）图像的细化

图纸在经过扫描输入到计算机中成为栅格图像之后，为了保持图形的信息，必须要有足够的分辨率，这时线宽往往大于一个像素。但是对于图形识别来说，关心的是图形的形状而不是图形的宽度，而宽度的提取也比较困难，因此提取图像线划的中心线至关重要。对于给定的图形，使其线宽变细，从而提取线划的中心线的过程称为细化。图像的“骨架”即中心线是描述图像几何及拓扑性质的重要特征之一。细化的目的是去掉冗余的数据，保持图形本质结构，为进一步矢量跟踪打下基础。

细化的算法对于数据存储量、图形处理速度和精度等影响较大。因此，选择一个好的细化算法也非常重要。一个好的线条细化算法应当满足下列条件。

(1)细化结果仍能保持较好的连通性。

(2)细化结果为单像素宽。

(3)细化结果能较好地体现图像的拓扑性质。

(4)细化结果为图像的中轴骨架线。

(5)轮廓上的噪声对细化结果影响较小。

细化算法的实现速度应当比较快，这也是判断细化算法好坏的标准之一。细化还应该具有以下优点：处理过程比较简单，容易编程实现；细化结果可以方便地用直线段、圆弧等图形进行拟合。

国内外对细化算法进行了大量深入的研究，提出了很多细化算法。大体上可分为基于逐层剥离的算法及基于轮廓跟踪的算法。逐层剥离的思想：对图像进行多次迭代，每一次迭代都按照一定的条件删除边界点，直到删除操作不能进行为止。这种算法直观、简单，易于实现，但是迭代次数与图像的宽度有关，计算量很大，处理的时间长。而基于轮廓跟踪的细化算法复杂程度与图像的轮廓长度成正比，也占用较大内存。

不同的算法在处理速度和效果上各有特点，有的产生较大的畸变，在拐角、交叉处容易产生偏移、毛刺等，有的则需要较大的空间来存储中间结果。因此，还没有一种十分完善的细化算法，既能获得图像的骨架像素，又能完好地保存图形的形状、拓扑关系、连通性等，只能在已有细化算法的基础上不断探索和改进。

图像经过预处理后，图像中的主要噪声被消除，图像质量得到大大改善，为后续的一系列处理做好了准备。

### 三、图像纠正

#### （一）图像纠正原理

由于扫描的地图原图存在误差，特别是在图纸存放过程中产生的伸缩变形误差，以及受扫描仪的分辨率等硬件因素的影响，进行图像预处理的栅格图像必然会产生一定程度的变形与失真。栅格图像几何纠正的目的就是对扫描图像上目标的空间分布进行地图纠正，其实质就是采用一定的数学模型将图像坐标系中的坐标转化为实际的地图坐标系中的坐标。因此，必须先要确定两种坐标系之间的平移、旋转、拉伸等几何关系，即两种坐标系之间的转换关系。通常采取待定系数的方法，先获取图像坐标系中一定数量的已知点的坐标，结合这些点在地图坐标系中的坐标，建立方程，经过最小二乘平差求得坐标系间的变换参数，进而推知图像上其他点在地图坐标系中的坐标。一般来讲，至少需要两个已知点才能获取两种坐标系间的转换参数。而为了提高精度，通常选取四个图廓点或者更多的格网点来进行栅格图像的几何纠正。

**(二)CASS 软件的图像纠正方法**

利用 CASS 地形地籍成图软件对栅格图像进行纠正，并利用屏幕菜单进行数字化，操作步骤如下。

点击“工具”下拉菜单中的“光栅图像”的“插入图像”(如图 6-4 所示)，弹出图像管理对话框(如图 6-5 所示)；选择“Attach…”按钮，弹出选择图像文件对话框(如图 6-6 所示)；选择要矢量化的栅格图像，点击“打开”按钮，进入图像管理对话框(如图 6-7 所示)；选择好图像后，点击“OK”即可。命令行将提示

Specify insertion point <0,0>:

输入图像的插入点坐标或直接在屏幕上点取，系统默认为(0,0)。命令行显示图像的大小，即

Base image size: Width: 1.000000, Height: 0.828415, Millimeters

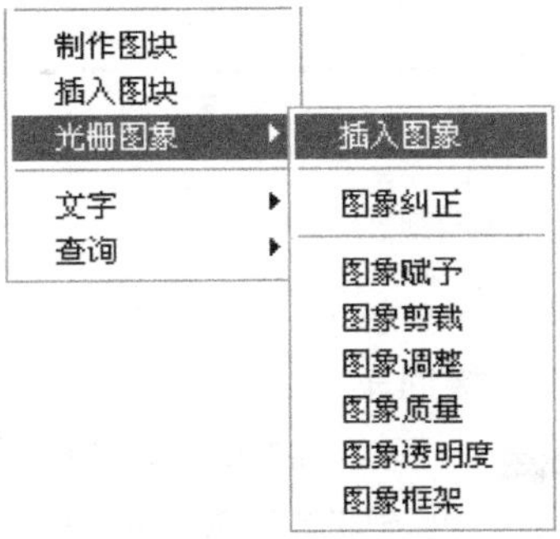


图 6-4　插入栅格图像

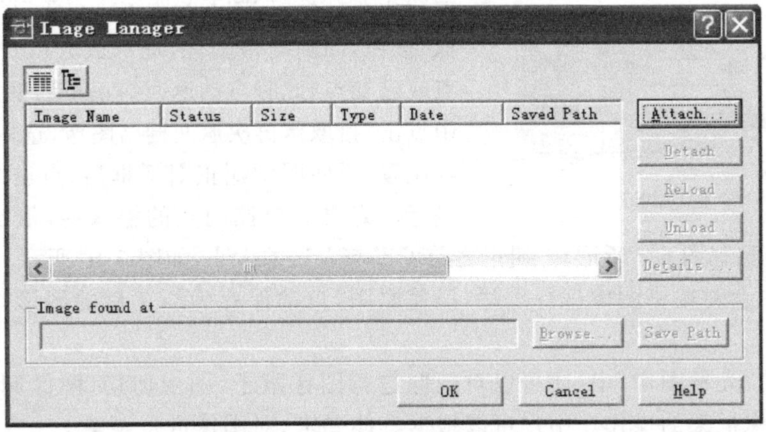


图 6-5　图像管理对话框

图 6-6 选择图像文件

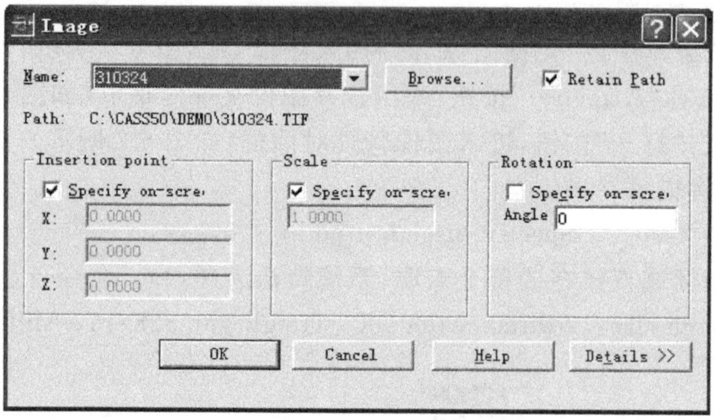


图 6-7 选择图像参数

点击回车后，命令行显示

Specify scale factor <1>:

输入图像缩放比例，系统默认为 1，直接回车。

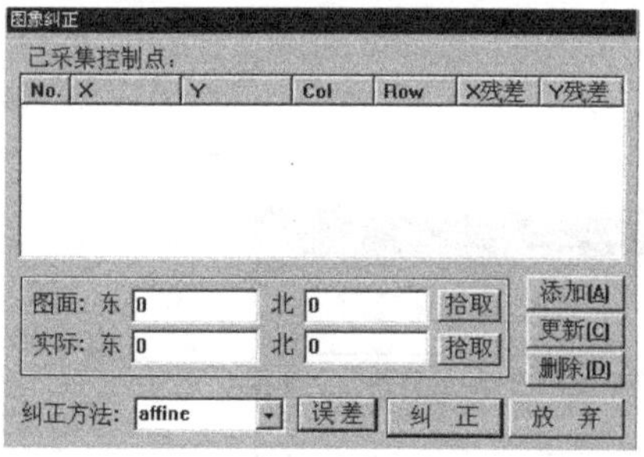


图 6-8 图像纠正

插入图像之后，用“工具”下拉菜单的“光栅图像”中的“图像纠正”对图像进行纠正，命令区提示：“选择要纠正的图像时，选择图像的最外框”，这时会弹出图像纠正对话框，如图 6-8 所示。点击“图面”一栏中“拾取”按钮，回到栅格图像，局部放大后选择图像上的角点或已知点，此时自动返回纠正对话框；在“实际”一栏中点击“拾取”，再次返回栅格图像，选取控制点图上实际位置，返回图像纠正对话框后，点击“添加”，添加此坐标。完成一个控制点的输入后，依次拾取、输入各点，最后进行纠正(如图 6-9 所示)。纠正之前可以查看误差大小，如图 6-10 所示。

纠正过程中会对栅格图像进行重写，覆盖原图，自动保存为纠正后的图形，所以在纠正之前需备份原图。

在“工具”的“光栅图像”中，还可以对图像进行图像赋予、图形剪切、图像调整、图像质量、图像透明度、图像框架的操作。用户可以根据具体要求，对图像进行调整。

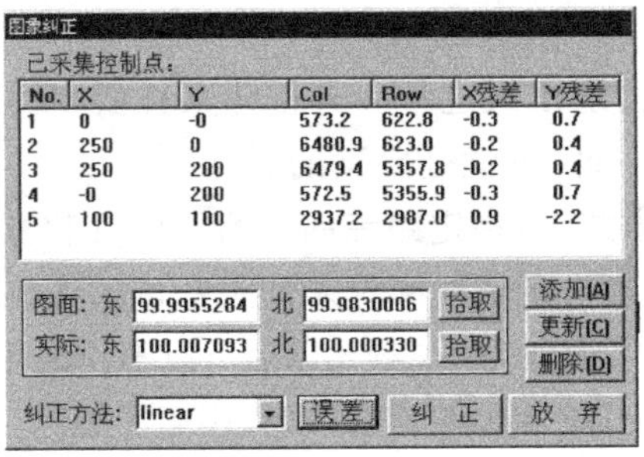


图 6-9　五点纠正

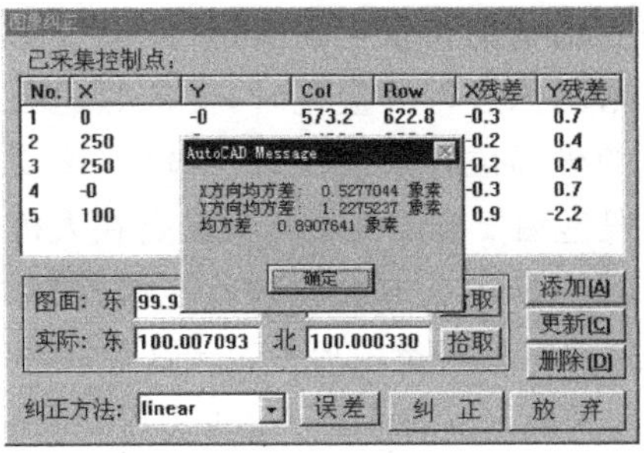


图 6-10　误差消息框

## 四、地图矢量化

在经过图像预处理与图像纠正后，扫描图像即可进行矢量化，最终由栅格数据转化成为矢量数据，以便于数据入库和工程应用。

在矢量化过程中，大部分线段可实现自动跟踪，而对一些如重叠、交义等较复杂的线段，全自动跟踪矢量化较为困难，此时采用人机交互与自动化跟踪相结合的方法进行矢量化。

### （一）矢量化跟踪概述

矢量化跟踪的主要任务是把经过细化的点阵数据文件转化为矢量表达的数据文件，图像经过细化处理后，产生的是单像素宽的数据，具有原图像的轮廓，保留了原图像的基本形状特征。曲线跟踪过程一般是从特征点出发，跟踪所有和它连接的像素，并在像素终断时结束跟踪。

矢量化跟踪目前主要包括全自动跟踪和半自动跟踪两种方式。以人机交互方式选取起始跟踪点和跟踪方向，自动搜索细线轨迹，直到细线的端点或细线的交叉点为止，并对跟踪到的轨迹作已跟踪标记，这个过程称为半自动跟踪。如果是采用计算机自动选择起始点和跟踪方向，则称为自动跟踪。由于现阶段计算机处理能力和算法方面的限制，尤其对于地图这种由各种地物的大量折线及线条组成，空间关系错综复杂且缺乏一定规律性的栅格图像，全自动跟踪的方法对一些断线、黏结及图像噪声等还不能很好地处理，因此在实际的扫描矢量化系统中大多还是采取半自动跟踪的方法。

在地图的扫描识别中通常采取基于细化的识别方法，但这种方式是基于像素点来进行矢量化的，因此细化过程中不可避免地会产生一定的数据丢失。现在矢量化系统中被广泛采用的矢量化算法是 Freeman 链码。它是一种基于细化的算法，在细化处理后对留下的中心线进行跟踪，获取一系列折线，然后再对折线进行分析、合并、拟合，从而进一步得到直线段和圆弧等矢量图形。

传统的扫描地图矢量化通常采用半自动的人机交互矢量化的方法，跟踪内容由操作人员根据要求选择。图像的跟踪过程以线段或封闭曲线作为单位进行处理，在跟踪过程中，若遇线段有断点或分叉点，一般是停止跟踪，把交叉点当作本次线划跟踪的终点，这是处理交叉点最安全可靠的方法，不会出现错误，但同时使线划端点大量增加，破坏了线划的完整性和连续性；本次跟踪结束后，需要人工进行干预，指定下一点的跟踪方向或者越过断点继续进行跟踪。而一些改进的跟踪算法能继续处理在交叉点处同跟踪方向保持一致的点，使处理过程得到延续，极大地提高处理效率；由于线条以栅格图像显示时，其像素往往呈阶梯状分布，因此沿着当前跟踪方向继续寻找前景像素，也能够更好地保持线条的连续性和方向的一致性。

**(二)栅格地图矢量化的实现**

对栅格图像进行矢量化时,要按照地图要素的类别依次进行。矢量化某种要素时,除了要进行要素的坐标位置采集外,还要输入该要素的特征码,也就是要素的属性。

现阶段地图要素的矢量化大多是在人机交互的方式下,指定跟踪的起始点位置和方向,并输入要素的属性编码,矢量化系统就能够按照指定的要素类别依次跟踪未被跟踪过的栅格像素,形成指定类别要素的矢量图形。对于这种屏幕数字化跟踪的方法,矢量化以前可以不作细化处理,但是应该提高采集点位的精度。这种半自动跟踪方式,识别正确率更高,处理程序更加简便。

图像纠正完毕后,利用右侧的屏幕菜单就可以进行地图的矢量化工作。图 6-11 为矢量化后的图形。

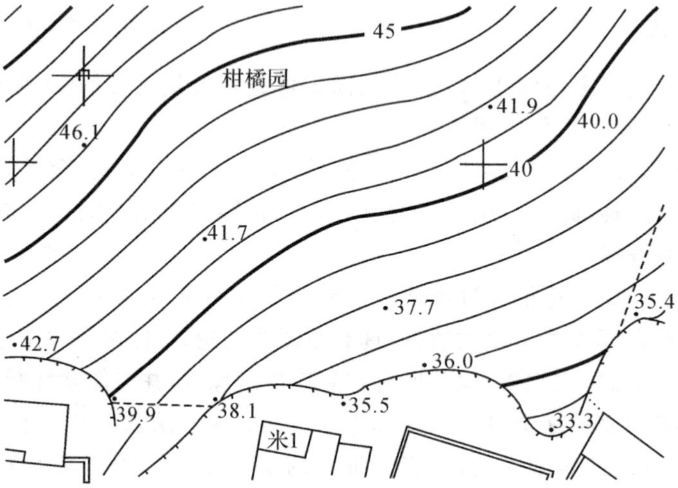


图 6-11 矢量化等高线

## 职业能力训练

训练一:利用南方 CASS 软件完成一幅 1∶500 的地形图扫描矢量化工作。

训练目标:掌握南方 CASS 软件进行地图扫描矢量化的方法。

操作提示:南方 CASS 软件光栅图像工具可以直接对栅格图像进行纠正,并利用相关功能完成矢量化工作。

训练二:利用地图扫描矢量化专用软件南方 CASSCAN 完成一幅 1∶500 的地形图扫描矢量化工作。

训练目标:掌握南方 CASSCAN 进行地图扫描矢量化的方法。

# 任务二 手扶跟踪数字化

## 一、数字化仪原理

利用手扶跟踪数字化仪进行矢量化是一种传统而成熟的方法。其作业方法:先将数字化仪板与计算机正确连接，把待数字化的纸质图固定在数字化仪板上，用手持定标设备(鼠标)，对地形图进行定位，确定图幅范围和数字化仪菜单范围，然后通过数字化仪菜单跟踪每一个要素的特征点。由手持定标设备在纸质图上采集数据，经数据线传输到计算机中，以获取各要素的空间位置，最后编辑整饰即可获得数字地形图。图 6-12 为手扶跟踪数字化仪示意图。

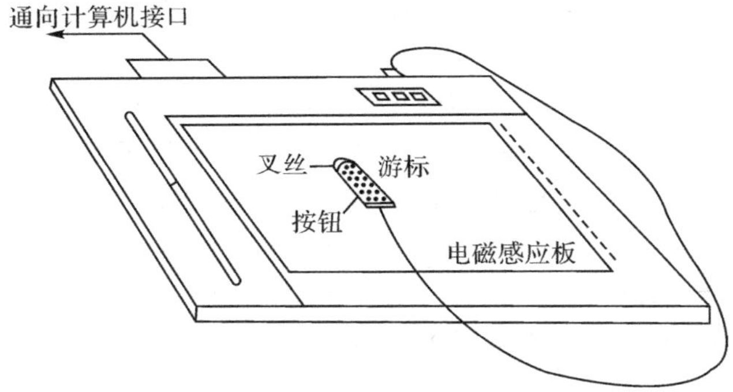


图 6-12　手扶跟踪数字化仪

地形图手扶跟踪数字化耗时多，处于半自动状态，作业效率不高；其精度取决于纸质图质量、复杂程度、数字化仪的性能、作业人员的熟练程度等因素。

## 二、数字化仪数据采集方法与步骤

### (一)数字化仪与计算机的连接

数字化仪和计算机的连接是通过 RS-232C 标准串行接口，将数字化仪的串行接口和计算机的串行接口连接起来，以实现数字化仪和计算机的数据通信。

数字化仪和计算机连接好后，用数字化仪提供的检测程序测试数字化仪的各种工作状态是否正常，并根据驱动数字化仪的软件的要求设置串口号、波特率、校验方式、数据格式、数据位、工作方式、分辨率、原点位置及鼠标按键等数字化仪参数，完成参数的设置后，运行数字化软件便可以开始进行数字化工作。

目前，许多数字化软件如 EPSW、CASS 等软件都可与多种数字化仪通信，很方便地进行数字化作业。实现数据通信的一般过程：首先，开启设定的接口，进行数据缓冲区容量大小设置；其次，设置波特率、校验方式、发送数据格式、输出速度、数据位、工作方式、分辨率、原点位置及鼠标按键类型等通信参数；再次，设定相应事件标志，在通信出现中断、错误、数据正常接收时，转入相应的处理程序；最后，进行串口事件处理程序定义，如图 6-13 所示。根据事件标志，判断串口事件发生的类型，或在接收到数据后按一定格式从中提取各种信息，分别作相应处理。

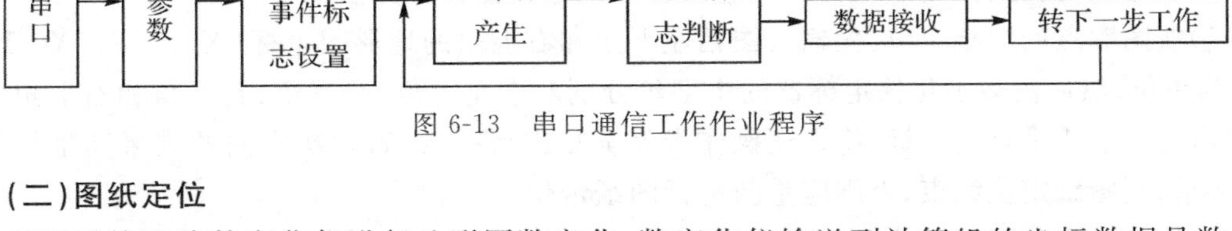


图 6-13　串口通信工作作业程序

### (二)图纸定位

利用手扶跟踪数字化仪进行地形图数字化，数字化仪输送到计算机的坐标数据是数字化仪坐标系的坐标，必须用计算机程序将数字化仪的坐标换算成地形图坐标系的坐标。将数字化仪输送到计算机的数字化仪坐标系下的坐标数据，转换成地形图坐标系下的坐标数据的过程称为图纸定位。图纸定位的实质是求出数字化仪坐标系与地形图坐标系之间的转换参数，通过定位有效克服工作底图的图纸变形误差，是提高数字化图精度的重要技术措施。

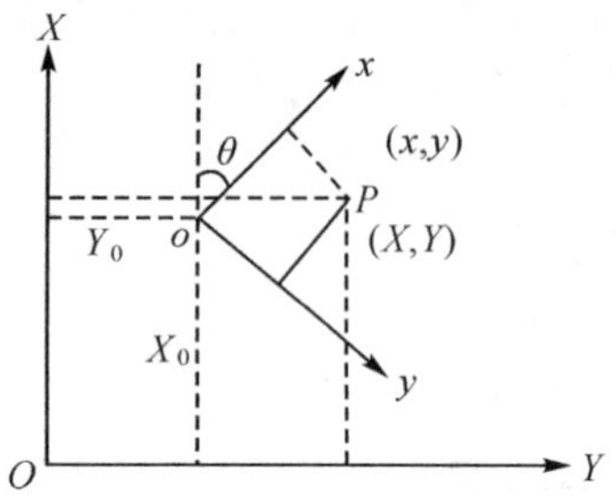

图 6-14 数字化仪坐标转换

数字化仪坐标系与地形图坐标系之间的转换关系如图 6-14 所示，设数字化仪坐标系为 $XOY$，地形图坐标系为 $xoy$，西南角 $o$ 的地形图坐标为$(x_0,y_0)$，在数字化仪坐标系中的坐标为$(X_0,Y_0)$，两坐标系的纵轴夹角为 $\theta$。对于某一已知点 $P$ 的数字化坐标$(X,Y)$和地形图坐标$(x,y)$有

$$\left.\begin{aligned} x-x_0=k(X-X_0)\cos\theta+k(Y-Y_0)\sin\theta \\ y-y_0=k(Y-Y_0)\cos\theta+k(X-X_0)\sin\theta \end{aligned}\right\} \quad (6\text{-}2)$$

式中，$k$ 为长度比。

设 $a=k\cos\theta, b=k\sin\theta$，则

$$\begin{cases} x=a(X-X_0)+b(Y-Y_0)+x_0 \\ y=a(Y-Y_0)+b(X-X_0)+y_0 \end{cases}$$

令

$$\begin{cases} Q_X=-(aX_0+bY_0)+x_0 \\ Q_Y=-(aY_0+bX_0)+y_0 \end{cases}$$

可得

$$\left.\begin{aligned} x=aX+bY+Q_X \\ y=bX+aY+Q_Y \end{aligned}\right\} \quad (6\text{-}3)$$

式中，$a$、$b$、$Q_X$、$Q_Y$ 为待定换算系数，也称为变换定向系数。

式(6-3)是利用线性正形变换进行图纸定位的数学模型，要确定 $a$、$b$、$Q_X$、$Q_Y$ 这 4 个定向系数，可用数字化仪定标器采集地形图已知的 4 个内图廓点（网格点）的地形图坐标系坐标数据，或利用图幅内 3～5 个分布均匀的已知控制点的坐标数据，分别将这些采集或已知的坐标数据带入式(6-3)，得到相应数学方程组，再用最小二乘原理对其进行数学处理，就可以求得定向系数。利用该组定向系数和式(6-3)，可将数字化采集的地形图图幅内的任一点的数字化仪坐标系坐标转化成地形图坐标系坐标，使数字化后的地形图与工作底图的坐标系相同，从而获得方便地进行两坐标系转换的方法，顺利实现地形图定位。

图纸定位按已知点的类型可分为图廓点定位和控制点定位两种方式。在实际作业时，若图幅内没有已知控制点，或虽有控制点但控制点不满足图纸定位要求（点数不够、点数分布不均匀或点位不清晰等）时，一般采用 4 个内图廓点作为已知点进行地形图定位，4 个内图廓点的地形图坐标，可在地形图上读取。若采用控制点进行图纸定位，应首先确定好控制点的图上点位，然后输入对应的控制点坐标。上述两种方式的具体操作方法如下。

(1)按图廓点的图纸定位：先输入图幅左下角和右上角的地形图坐标$(X_Z,Y_Z)$、$(X_Y,Y_Y)$，以 m 为单位；然后由数字化仪定标器的十字丝分别对准左上角、左下角、右下角和右上角图廓点，依次输入这 4 个点的坐标；将上述操作步骤重复进行一次，若两次定向的结果满足规范限差的要求，则图纸定位结束，否则应重新进行图纸定位。

(2)按控制点的图纸定位：在图幅内选择 3～5 个分布均匀的控制点，然后对控制点分别进行数字化;将数字化仪定标器的十字丝分别对准控制点,输入控制点数字化坐标,同时由计算机键盘输入该控制点的地形图测量坐标;控制点数字化结束后,同样要重复进行一次,两次定向的结果应满足规范限差的要求。

**(三)数字化仪菜单定位**

地形图数字化除需要给出地形图要素的地形图坐标外,还必须输入相应的地形图要素类别。这些地形图要素类别用规定的代码来表示,通常代码输入工作通过点击数字化仪菜单来实现。

在数字化仪板面上开辟一个菜单区,通常把菜单放在数字化仪板面的右面,菜单区可以是一个矩形或正方形。在菜单区内按行和列分成相同大小的小方块(矩形或正方形),每个小方块内是以图形表示或文字说明的常用地形图图式符号和图形处理功能,它是由数字化软件定义的,不同软件对菜单项的各方格功能定义也有所区别,图 6-15 是 CASS 软件数字化菜单区的各菜单项功能的定义情况。

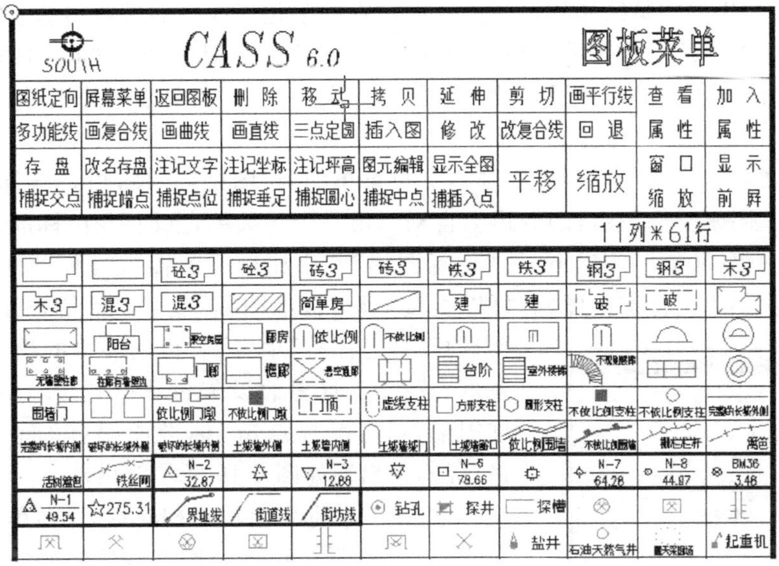


图 6-15 数字化菜单

菜单在使用前,需要先进行菜单定位。其定位方法与地形图定位相同。菜单定位的定向点一般取菜单的左上、左下和右下三点,定向点在菜单坐标系中的坐标为

$$左上角:X=L,Y=0;左下角:X=0,Y=0;右下角:X=0,Y=W$$

这里,$L$ 表示菜单的竖向长度,$W$ 表示菜单的横向宽度,以 mm 为单位。

菜单定位完成后,菜单区内某一位置的行号和列号都可以用数字化仪坐标换算出来。在地图数字化系统程序中,每一对行号和列号都已和方格所对应的代码或程序功能联系起来。因此,只要在数字化地形图要素之前或之后,将数字化仪定标器移到菜单区相应的地形图图式符号的小方格内,这样就把该地形图要素的代码和图形的坐标(几何位置)连在一起,形成一个规定格式的数据串存储在计算机内。数字化菜单除用于输入图形要素代码外,还可以输入程序执行命令以进行数字化数据的处理和屏幕图形的编辑,是人机交互系统中的一个输入设备。

**(四)矢量化**

完成上述工作以后就可以着手矢量化。矢量化时要将地形图和数字化仪菜单固定好,预

防在矢量化过程中图纸被移动。如果在矢量化过程中发现图纸有移动，必须对图纸重新进行定位。对于一幅地形图的矢量化通常按照地形图要素分层进行数字化。先将数字化仪定标器十字丝对准图形的特征点逐一数字化，得到这些点相应的坐标数据；然后移动定标器到菜单区，对准刚刚数字化图形的地形图符号所在小方格，按下定标器，便可以自动记录下该要素的代码，并与图形的坐标保存在一起；该地形图符号数字化完成后，依次进行其他地形图符号的数字化，直到本幅图全部地形图符号数字化完毕。在数字化的过程中，计算机屏幕或图形显示器上同时显示已数字化的地形图符号。

地形图数字化选用点方式工作。为了保证采集的点位数据的正确性，必须掌握地物符号的定位点、定位线的基本知识，知道各地物符号的定位点、定位线在地物中的位置。

整个矢量化的作业流程可分为图框绘制、地物地貌要素矢量化、注记和图面整饰等步骤。

1. 图框绘制

矢量化的第一步工作是绘图框。目的是将贴在数字化仪板上的整幅图的范围在屏幕上确定下来，使接下来的清绘工作都明确地在图框中进行，这样不但能确定整幅图的显示范围，而且还能在绘地物的过程中随时监视所绘地物的尺寸大小，以及在图幅中的相对位置是否正确，防止误操作。图框绘制的具体步骤如下。

(1)用鼠标或数字化仪定标器点取屏幕下拉菜单的“绘图处理”项，再将鼠标移到“图幅整饰”功能，这时在“图幅整饰”条目的右边会自动弹出一个子菜单，上面列有“标准图幅(50 cm×50 cm)”、“标准图幅(50 cm×40 cm)”、“任意图幅”、“小比例尺图幅”、“倾斜图幅”和“工程图幅”等几种类别。如果是标准的图幅，可以直接点取“标准图幅”项，如果是非标准的图幅，则要选择“任意图幅”项，然后根据屏幕的提问键入图纸的宽度和高度。这里假设矢量化一幅 50 cm×40 cm的标准图幅，则用鼠标点击“标准图幅(50 cm×40 cm)”条目，屏幕将出现如图 6-16 所示对话框。

图 6-16 输入图幅信息

(2)按对话框要求填好相应信息后，单击“确定”键。

(3)如果进入 CASS 软件后还未确定比例尺，此时屏幕下方的命令区将提示：“绘图比例尺 1：”，这时将图纸实际的比例尺分母填入。

(4)输入图框左下角屏幕坐标时，按图纸左下角的测量坐标先输入 $Y$ 坐标，用逗号隔开后再输入 $X$ 坐标。

做完上述步骤之后图框就已经调入屏幕了。如果屏幕显示区没有定好，可能在屏幕上看不到图框，这时可用鼠标点击屏幕菜单右下角的“缩放全图”或者用定标器点击数字化仪图板上的“显示全图”功能，就可以看到一幅完整的图框了。

此时可以用定标器游走一下图纸的图框线，观察一下屏幕上的图框与十字丝的位置关系是否与定标器的移动相吻合。

2. 地物地貌要素矢量化

插入图框以后就可以正式开始描绘地物地貌了。CASS 系统自动地将各种地物地貌归到各个不同的层，在描图时只要用定标器点取各种绘图功能(如房屋、道路、电力线、等高线、陡坎等)，系统会自动地切换至相应的层，然后根据图纸上的地物或地貌逐个输入。对于直线形的地物地貌如房屋、电线等只需用定标器点取它的端点即可；而对于曲线形的地物地貌如陡坎、等高线等则要用定标器密集地沿着地貌曲线取点采样，采样的密度视曲线的曲缓而定，曲折的采点密一些，舒缓的则可以疏一些，但要注意对于那些较为明显的特征点不要漏掉。通过图板菜单上的“屏幕菜单”和“返回图板”功能可以进行屏幕工作方式和图板工作方式的切换，在屏幕工作方式时可以应用CASS界面上的各种下拉菜单、工具条、屏幕菜单等功能，在图板工作方式时光标只能在工作区中滑动，要使用贴在数字化仪上的图板菜单来进行操作。

用数字化仪描图主要是要把握好两个原则，一个是描绘采点时要精确，另一个是不要遗漏地物地貌。矢量化时首先是要仔细认真，熟练准确地运用各种绘图和编缉功能，如复制、镜像、旋转、移动等，这样不仅保证了所绘地物地貌的精确性还能起到事半功倍的效果。其次，应先订好作业计划。最常用的是以地物地貌类别为顺序，即先画完图纸上的某一种地物地貌，再画第二种地物地貌，如此一种一种地将所有的地物地貌描完；其特点是可以用一种绘图功能连续作业，但身体移动的范围比较大。另一种方法是按自然区域划分作业，如根据不同的街区或河流的两边、坎类的两边，先画完一个区域内的所有地物地貌，再转移到另一个区域。采用这种方法作业时身体移动的范围较小，但是需要经常切换绘图功能。这两种方案在实际作业时可以交替使用，具体视图纸的实际情况而定。另外，由于地物符号太多，每个符号都到图板菜单去找的话会增加很多工作量，这时候就可以充分利用“图形复制（F）”功能，将图上已绘出的实体当菜单用，可省去不少麻烦。当然，以上所述的只是一些粗略的方法，通过在工作中不断摸索、总结经验，可以找出自己习惯、更快速、更理想的方法来。

3. 注记和图面整饰

绘完地物地貌以后的工作就是注记和图面整饰。注记分为注记坐标和注记文字。注记与绘地物地貌的性质不同，绘地物地貌时对精度有严格的要求，而注记则没有精度方面的要求，只需位置大致准确。具体的做法为用定标器在数字化菜单上点取“注记文字”项进行注记。

绘地物地貌时必须在图板状态下操作，而注记则既可在图板状态下操作，也可以在屏幕状态下进行。如果地物比较简单，直接在屏幕状态下注记较为方便；如果地物较为复杂密集，则应该在图板状态下操作，这样能在图板图纸上直接找到要注记的地物，不易注错对象。

在注记过程中由输入数字（或字母）转到输入汉字需同时按下“Ctrl”和“Space”键，经常这样做非常麻烦，所以一般应先注记数字、字母再注记汉字，这样就避免了要经常切换的麻烦。

最后有一点需要提醒的是，在矢量化纸制图的过程中，为了防止意外，应该每隔20或30分钟存一下盘，这样即使在中途因误操作或其他原因死机，最多也就损失几十分钟的工作量，不至于前功尽弃。

**（五）图幅接边**

数字化作业时，通常会遇到一个地物被分别绘制在两幅图中的情况，在进行数字化时，每幅图中该地物只能被采集和数字化一部分，由于这两部分分别位于两幅图中，因此都是孤立存在的无联系的点或线，不能形成一个完整的地物，这会导致该地物应有的信息丢失。进行图幅接边就是将这种情况的地物复原成一个完整地物并拾取其各种应有的信息。图幅接边的方法有半自动法和自动法两种。

1. 半自动法

半自动法图幅接边采用人工判断与计算机处理结合的地图接边处理方式。作业步骤如下。

（1）将分属两幅图的同一地物需接边的图边部分同时显示到计算机屏幕上，并使接边图廓线位于屏幕中间。

(2)人工判断两幅图的接边情况,可将接边部分的某个局部放大,同时通过鼠标操作查询两幅图接边线上各有关的坐标,当对应的两接边点坐标之差小于接边误差限差允许值时,取两点坐标平均值;若接边误差超限,应检查产生错误的原因,并对接边点及其相关点坐标进行修正,直到满足接边要求为止。

(3)软件会将修改后的接边点坐标自动传输到接边图幅的绘图文件(XYZ 文件),并自动完成接边处理。

2. 自动法

自动法图幅接边是一种在采集数字化点的过程中由数字化软件自动完成图幅接边工作的方法。实质是在采集数字化点时软件将本图幅的点直接与相邻图幅对应的端点连接,由软件拟合出相应的线条。

对于一些几何条件要求严格的图形,接边时还要对其进行如矩形地物的直角化、直线线路的直线化等各种附加的数据处理。另外,为了使接边的同一地物属性保持一致,要进行图形的属性接边。

手扶跟踪数字化仪进行纸质图的数字化,需弯腰在数字化仪板上采点,其作业强度相对较大。另外,一台数字化仪需配一台计算机才能组成一套录入设备,供一个人作业使用,投入成本较高。所以,这种方法随着工程扫描仪的普及,逐步被扫描矢量化取代。

## 职业能力训练

训练一:在 CASS 软件中,利用手扶跟踪数字化仪完成一幅 1∶500 的纸质地形图矢量化工作。

训练目标:掌握手扶跟踪数字化仪的使用方法和作业流程。

操作提示:

(1)在 CASS 软件中配置数字化仪。

(2)在数字化仪板上固定图纸和数字化仪菜单。

(3)图纸和菜单定位。

(4)数字化作业(绘图框、绘地物地貌、注记、图幅整饰)。

## 单元小结

通过本单元的学习,应该掌握栅格图和矢量图的概念,全面理解地图矢量化的目的;熟练掌握地图扫描矢量化方法,能独立完成纸质图的矢量化工作;对数字化仪的原理有所了解,能正确操作数字化仪,完成纸质图的数字化工作。

## 思考与练习题

1. 在地图扫描矢量化过程中,为什么要进行图像纠正?

2. 简述利用手扶跟踪数字化仪实现纸质图数字化的作业方法。

3. 简述地图扫描矢量化和手扶跟踪数字化的作业方法及特点。

# 单元七　数字测图技术设计与检查验收

［单元概述］

本单元主要讲述大比例尺数字测图项目技术设计、数字地形图的质量检查与验收，以及数字测图项目技术总结。对于数字测图技术设计重点介绍了技术设计的依据、数字测图准备工作和技术设计报告的编写；对于数字地形图的检查与验收，重点介绍了其基本规定、验收标准、验收工作的实施及质量评定。

［学习目标］

通过本单元的学习，应该掌握数字测图项目技术设计的内容和方法，数字地形图的质量检查与验收的内容和方法，以及数字测图项目技术总结的内容和方法。

## 任务一　大比例尺数字测图技术设计

大比例尺数字测图是指 1∶500～1∶5 000 比例尺测图，除数字地形图测绘外，还有数字地籍图、房产图和地下管线图等，它们的基本测绘方法是相同的，并具有统一的平面坐标系统、高程系统和图幅分幅方法。

技术设计是数字测图最基本的工作，它依据国家有关规定（规程）及数字图的用途、用户的要求、本单位的仪器设备状况等对数字测图工作进行具体设计。因此，在测图开始前，应编写技术设计书，拟订作业计划，以保证测量工作在技术上合理、可靠，在经济上节省人力、物力，有计划、有步骤地开展工作。

### 一、数字测图技术设计的依据

数字测图技术设计的主要依据是国家现行的有关测量规范（规程）和甲方的测量任务书。

**（一）数字测图测量规范**

数字测图测量规范（规程）是国家测绘管理部门或行业部门制定的技术法规，目前数字测图技术设计依据的规范（规程）如下。

（1）《国家基本比例尺地图图式 第一部分：1∶500 1∶1 000 1∶2 000 地形图图式》（GB/T 20257.1—2007）。

（2）《1∶500、1∶1 000、1∶2 000 地形图数字化规范》（GB/T 17160—1997）。

（3）《1∶500、1∶1 000、1∶2 000 地形图要素分类与代码》（GB 14804—93）。

（4）《大比例尺地形图机助制图规范》（GB 14912—94）。

（5）《工程测量规范》（GB 50026—2007）、《城市测量规范》（CJJ 8—99）、《地籍测绘规范》（CH 5002—1994）、《房地产测量规范》（GB/T 17986—2000）、《地籍图图式》（CH 5003—1994））等。

（6）测量任务书中要求执行的有关技术规范、规程。

### (二)测量任务书

测量任务书或测量合同是测量施工单位上级主管部门或合同甲方下达的技术要求文件。这种技术文件是指令性的,它包含工程项目或编号、设计阶段及测量目的、测区范围(附图)及工作量、对测量工作的主要技术要求和特殊要求,以及上交资料的种类和时间等内容。

数字测图方案设计一般是依据测量任务书提出的数字测图的目的、精度、控制点密度、提交的成果和经济指标等,结合规范(规程)和本单位的仪器设备、技术人员状况,通过现场踏勘来具体确定加密控制方案、数字测图的方式、野外数字采集的方法及时间和人员安排等内容的。

## 二、数字测图准备工作

在数字测图作业开始之前,必须做好实施前的工区踏勘、资料收集、器材筹备、观测计划拟订、仪器设备检校及设计书编写等工作。

### (一)测区踏勘

接受下达任务或签订数字测图任务的合同后,就可以进行测区踏勘工作,为编写技术设计、施工设计、成本预算等提供资料来源。测区踏勘主要调查了解的内容如下。

(1)交通情况:包含公路、铁路、乡村便道的分布及通行情况等。

(2)水系分布情况:包含江河、湖泊、池塘、水渠的分布,桥梁、码头及水路交通情况等。

(3)植被情况:包含森林、草原、农作物的分布及面积等。

(4)控制点分布情况:包含三角点、水准点、GPS 点、导线点的等级,坐标、高程系统,点位的数量及分布,点位标志的保存状况等。

(5)居民点分布情况:包含测区内城镇、乡村居民点的分布,食宿及供电情况等。

(6)当地风俗民情:包含民族的分布、习俗与地方方言、习惯与社会治安情况等。

### (二)资料收集

根据踏勘工区掌握的情况,收集下列资料。

(1)各类图件:测区及测区附近已有的测量成果等资料,其内容应说明其施测单位、施测年代、等级、精度、比例尺、规范依据范围、平面和高程坐标系统、投影带号、标石保存情况,以及可利用的程度等。

(2)其他资料:测区有关的地质、气象、交通、通信等方面的资料及城市与乡、村行政区划表等。

### (三)拟订作业计划

数字测图通常分外业数据采集和内业编辑处理,拟订作业计划的主要依据如下。

(1)测量任务书及有关规程(规范)。

(2)投入的仪器设备。

(3)参加的人员数据、技术状况。

(4)使用的软件及采用的作业模式。

(5)测区资料收集情况。

(6)测区及附近的交通、通信及后勤保障(食宿、供电等)。

作业计划应包括以下主要内容。

(1)测区控制的具体实施计划。

(2)野外数据采集及实施计划。

(3)仪器配备、经费预算计划。

(4)提交资料的时间计划及检查验收计划等。

**(四)仪器设备的选型及检验**

仪器设备是保证完成测量任务的关键所在。仪器设备的性能、型号精度、数量与测量的精度、测区的范围、采用的作业模式等有关。对于测区控制网,首级一般都采用 GPS 网,加密采用导线加密。导线的施测最好采用测角精度 2″以上,测距精度±(3 mm+2 ppm・$D$)以上的全站仪施测,当然也可采用 GPS-RTK 施测。数字测图的野外数据采集的测角精度不低于 6″,测距精度不低于±(5 mm+5 ppm・$D$)即可,有条件的采用 GPS-RTK 效率更高。

观测中所选用的仪器设备,必须对其性能与可靠性进行检验,合格后方可参加作业。有关检验项目应遵循有关规范进行。

**(五)选用适合的软件及作业模式**

选用适合的软件是保证测图任务顺利完成的关键。通常测图软件的选择、所需提交的数据文件格式都是由测量任务书指定的。在某些情况下,也可根据实际情况选用作业人员熟悉的软件,提交资料时通过数据格式转换统一为测量任务书中所要求的数据格式。

成图模式的选择,通常根据所选用的仪器设备来确定。如果工期比较紧,可采用内外业一体化成图,白天(晴天)野外采集数据,晚上(雨天)内业成图,从而缩短工期。对于内外业一体化成图,又可根据实地地形、地物的复杂程度,采用有码作业或无码作业。对于地物简单的地方,可采用有码作业,避免绘制草图,减少外业工作量;对于地物复杂的地方,可绘制草图,以便清楚地交代地物的连接关系,同时注记各地物的属性,以便于内业成图。如果有便携式电脑或掌上电脑及相应的成图软件,也可采用电子平板现场成图。

## 三、技术设计书的编写

资料收集齐全后,要编写技术设计书,主要编写内容:任务概述、测区情况、已有资料及其分析、技术方案的设计、组织与劳动计划、仪器配备及供应计划、财务预算、检查验收计划,以及安全措施等。

### 职业能力训练

训练一:选择适合的仪器设备,写一份测绘校园 1∶500 的数字地形图的技术设计。

训练目标:培养编写数字测图项目技术设计的能力。

# 任务二　大比例尺数字地形图的质量检查与验收

测绘产品的检查验收与质量是生产过程必不可少的环节,是测绘产品的质量保证,是对测绘产品质量的评价。为了控制测绘产品的质量,测绘工作者必须具有较高的质量意识和管理才能。因此,完成数字地形图后也必须做好检查验收和质量评定工作。

## 一、检查验收的基本规定

**(一)检查验收的依据**

(1)有关的测绘任务书、合同书中有关产品质量特性的摘录文件或委托检查、验收文件。

(2)有关法规和技术标准。

(3)技术设计书和有关的技术规定等。

**(二)二级检查一级验收制**

对数字测绘产品实行过程检查、最终检查和验收制度。过程检查由生产单位的中队(室)检查人员承担。最终检查由生产单位的质量管理机构负责实施。验收工作由任务的委托单位组织实施,或由该单位委托具有检验资格的检验机构验收。各级检查工作必须独立进行,不得省略或代替。

**(三)应提交检查验收的资料**

(1)提交的成果资料必须齐全,一般应包括如下内容。

——项目设计书、技术设计书、技术总结等。

——文档簿、质量跟踪卡等。

——数据文件,包括图廓内外整饰信息文件、元数据文件等。

——作为数据源使用的原图或复制的二底图。

——图形或影像数据输出的检查图或模拟图。

——技术规定或技术设计书规定的其他文件资料。

(2)凡资料不全或数据不完整者,承担检查或验收的单位有权拒绝检查验收。

**(四)检查验收的记录及存档**

检查验收记录包括质量问题的记录、问题处理的记录,以及质量评定的记录等。记录必须及时、认真、规范、清晰。检查、验收工作完成后,须编写检查、验收报告,并随产品一起归档。

## 二、质量检查验收的标准

**(一)平面和高程精度的检查**

*1.选择检测点的一般规定*

数字地形图平面检测点应是均匀分布、随机选取的明显地物点。平面和高程检测点的数量视地物复杂程度、比例尺等具体情况而定,每幅图一般各选取 20～50 个点。

*2.检测方法*

(1)野外测量采集数据的数字地形图,当比例尺大于 1∶5 000 时,检测点的平面坐标和高程采用外业散点法按测站点精度施测。用钢尺或测距仪量测相邻地物点间距离,量测边数量每幅一般不少于 20 处。

(2)摄影测量采集数据的数字地形图按成图比例尺选择以下不同的检测方法。

——比例尺大于 1∶5 000 时,检测点的平面坐标和高程采用外业散点法按测站点精度施测,若用内业加密能达到控制点平面与高程精度,也可用加密点来检测,而不必进行外业。

——比例尺小于 1∶5 000(包括 1∶5 000)且有不低于成图精度的控制资料时,采用内业加密保密点的方法检测。

——用高精度资料或高精度仪器进行检测。

*3.检测数据的处理*

(1)分析检测数据,检查各项误差是否符合正态分布。

(2)检测点的平面和高程中误差计算。

地物点的平面中误差计算式为

$$M_x = \pm\sqrt{\frac{\sum_{i=1}^{n}(X_i - x_i)^2}{n-1}}, \quad M_y = \pm\sqrt{\frac{\sum_{i=1}^{n}(Y_i - y_i)^2}{n-1}} \tag{7-1}$$

式中，$M_x$ 为坐标 $X$ 的中误差；$M_y$ 为坐标 $Y$ 的中误差；$X_i$ 为坐标 $X$ 的检测值；$x_i$ 为坐标 $X$ 的原测值；$Y_i$ 为坐标 $Y$ 的检测值；$y_i$ 为坐标 $Y$ 的原测值；$n$ 为检测点数。

相邻地物点之间间距中误差(或点状目标位移中误差、线状目标位移中误差)的计算式为

$$M_S = \pm\sqrt{\frac{\sum_{i=1}^{n}\Delta S_i^2}{n-1}} \tag{7-2}$$

式中，$\Delta S_i$ 为相邻地物点实测边长与图上同名边长的较差，或地图数字化采集的数字地形图与数字化原图套合后透检量测的点状或线状目标的位移差；$n$ 为量测边条数(或点状目标、线状目标的个数)。

高程中误差计算式为

$$M_h = \pm\sqrt{\frac{\sum_{i=1}^{n}(H_i - h_i)^2}{n-1}} \tag{7-3}$$

式中，$H_i$ 为检测点的实测高程(m)；$h_i$ 为数字地形图上相应内插点高程(m)；$n$ 为高程检测点个数。

**(二)接边精度的检测**

通过量取两相邻图幅接边处要素端点的距离 $\Delta d$ 是否等于 0 来检查接边精度，未连接的记录其偏差值；检查接边要素几何上自然连接情况，避免生硬；检查面域属性、线划属性的一致情况，记录属性不一致的要素实体个数。

## 三、检查验收工作的实施

**(一)检查工作的实施**

(1)作业人员经自查，确认无误后方可按规定整理上交资料成果。中队(室)进行过程检查，生产单位(院)进行最终检查，二级均为 100%的成果全面检查。

(2)在过程检查、最终检查时，如发现有不符合质量要求的产品时，应退给作业组、中队(室)进行处理，然后再进行检查，直到检查合格为止。

**(二)验收工作的实施**

(1)验收工作应在测绘产品经最终检查合格后进行。

(2)检验批一般应由同一区域、同一生产单位的测绘产品组成。同一区域范围较大时，可以按生产时间不同分别组成检验批。

(3)验收部门在验收时，一般按检验批中的单位产品数量 $N$ 的 10%抽取样本($n$)。当检验批单位产品数量 $N \leqslant 10$ 时，$n=2$；当 $N>10$ 且 $N \times 10\%$ 不为整数时，则取整加 1 作为抽检样本数。

(4)抽样方法可采用简单随机抽样法或分级随机抽样法。对困难类别、作业方法等大体一致的产品，可采用简单随机抽样法；否则，应采用分级随机抽样法。

(5)对样本进行详查，并按规定进行产品质量核定。对样本以外的产品一般进行概查。若

样本中经验收有质量为不合格产品时，须进行二次抽样详查。

(6)根据规定判定检验批的质量。经验收判为合格的检验批，被检单位要对验收中发现的问题进行处理；经验收判为一次检验未通过的批，要将检验批全部或部分退回被检单位，令其重新检查、处理，然后再重新复检。

(7)验收工作完成后，按规定编写验收报告，验收报告经验收单位上级主管部门审核(委托验收的验收报告送委托单位审核)后，随产品归档，并送生产单位一份。

## 四、质量评定

### (一)质量评定基本规定

数字测绘产品质量实行优级品、良级品、合格品、不合格品评定制。数字测绘产品质量由生产单位评定，验收单位则通过检验批进行核定。数字测绘产品检验批质量实行合格批、不合格批评定制。

1. 单位产品质量等级的划分标准

(1)优级品为 90～100 分。

(2)良级品为 75～89 分。

(3)合格品为 60～74 分。

(4)不合格品为 0～59 分。

2. 检验批质量判定

对检验批按规定比例抽取样本。若样本中全部为合格品以上产品，则该检验批判为合格批。若样本中有不合格产品，则该检验批为一次检验未通过批，应从检验批中再抽取一定比例的样本进行详查；如样本中仍有不合格产品，则该检验批判为不合格批。

### (二)单位产品质量评定方法

(1)采用百分制表征单位产品的质量水平。

(2)采用缺陷扣分法计算单位产品得分。

### (三)缺陷扣分标准

(1)严重缺陷的缺陷值为 42 分。

(2)重缺陷的缺陷值为 $12/T$ 分。

(3)轻缺陷的缺陷值为 $1/T$ 分。

其中，$T$ 为缺陷值调整系数，根据单位产品的复杂程度而定，一般取值范围为 0.8～1.2。设单位产品由简单至复杂分别为 3 级、4 级或 5 级，则 $T$ 可分别取为 0.8、1.0、1.2 或 0.8、0.9、1.0、1.1 或 0.8、0.9、1.0、1.1、1.2。缺陷值保留一位小数，小数点第二位数字 4 舍 5 入。严重缺陷、重缺陷、轻缺陷的缺陷分类详见规范要求。

### (四)质量评分方法

每个单位产品得分预置为 $X$ 分，根据缺陷扣分标准对单位产品中出现的缺陷逐个扣分。单位产品得分的计算公式为

$$N=X-42i-\frac{12}{T}j-\frac{1}{T}k \tag{7-4}$$

式中，$X$ 为单位产品预置得分；$i$ 为单位产品中严重缺陷的个数；$j$ 为单位产品中重缺陷的个数；$k$ 为单位产品中轻缺陷的个数；$T$ 为缺陷值调整系数。

生产单位最终检查质量评定时，$X$ 预置得分为 100 分。验收单位进行质量核定时，$X$ 预置得分根据生产单位最终检查评定的质量等级取其最高分，即优级品、良级品、合格品分别为 100、89、74 分。

## 职业能力训练

训练一：设计一种方案，对某测区 11 幅数字地形图进行质量检查与检收。

训练目标：通过本方案设计，掌握数字地形图质量检查与检收的内容和方法。

## 单元小结

本单元主要介绍数字化测图技术设计的编写和技术总结的编写。通过对本单元的学习，需达到在数字测图项目开始之前会编写技术设计，在数字测图项目结束后会编写技术总结的要求。这两项工作是数字测图项目必不可少的，因此，必须要熟练地掌握。

## 思考与练习题

1. 数字测图技术设计的依据有哪些？需要做哪些准备工作？
2. 数字地形图质量检查验收的标准有哪些？如何进行质量评定？

# 单元八　数字地形图的应用

[单元概述]

本单元主要讲述数字地形图在工程建设中的应用。讲述了基本地图要素属性查询、纵横断面图的绘制方法、三角网法及网格法计算挖填方量、由图面信息生成数据文件等内容。具体工程实例基于南方CASS7.0地形地籍成图软件进行讲解，详细介绍了操作方法及流程，并通过实际具体工程项目的训练，使所学理论、方法和技能得以应用，掌握数字地形图在工程中的常用方法。

[学习目标]

通过本单元的学习，应熟练掌握数字地形图中基本要素的查询方法，能熟练绘制纵横断面图，熟练计算挖填方量，会根据图面信息生成数据文件。在实践操作上，能熟练运用南方CASS软件中工程应用菜单中的各项功能完成实际的工程任务。

## 任务一　地形图要素的属性查询

地形图的基本几何要素主要包括：单点坐标、两点间距离和方位角、曲线的长度、区域的投影面积和表面积等。利用数字地形图，可以很方便地提取指定点的坐标和高程、线段长度和方位、指定区域的投影面积和表面积等数据。根据数字地形图所提取的上述信息，比纸质图上计算出来的精度要高，计算量要小，随着传统的纸质图逐步被数字地形图所取代，这些方法成了必须掌握的基本技能。

### 一、坐标查询

**(一)原理**

如图8-1所示，若要在地形图上求出$A$点的坐标，应先通过$A$点在地形图的坐标格网上作平行于坐标格网的平行线$mn$、$ef$，然后按测图比例尺量出$mA$和$eA$的长度$l_{mA}$和$l_{eA}$，则$A$点的平面坐标为

$$\left.\begin{aligned} x_A &= x_a + l_{mA} \\ y_A &= y_a + l_{eA} \end{aligned}\right\} \tag{8-1}$$

式中，$(x_A, y_A)$为$A$点所在方格西南角点的坐标；$(x_a, y_a)$为$a$点坐标。

若$A$点恰好位于图上某一条等高线上，则$A$点的高程与该等高线相同。若$A$点位于两条等高线之间，则可通过$A$点画一条垂直于相邻两条等高线的线段$pq$，$A$点的高程计算式为

$$H_A = H_q + \frac{l_{qA}}{l_{qp}}h \tag{8-2}$$

式中，$H_q$为通过$q$点的等高线的高程；$l_{qA}$、$l_{qp}$分别为线段$qA$与线段$qp$的长度；$h$为等高距。

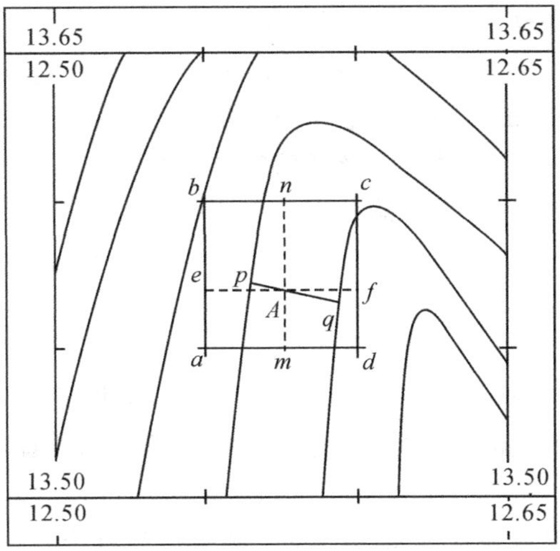


图 8-1　纸质图上量取点的空间坐标

**(二)在数字地形图中查询**

选择南方 CASS 软件主界面中“工程应用”菜单下的“查询指定点坐标”子菜单，然后用鼠标点取所查询的点，系统即会在命令行输出该点坐标值。

## 二、边长、方位查询

**(一)原理**

线段长度的计算原理：分别量测线段两端点的坐标值，利用坐标反算公式计算两点间的距离。当量测距离的精度要求不高时，可以用比例尺直接在图上量测。

线段坐标方位角的计算原理：先量测线段两端点的平面直角坐标，再利用坐标反算公式计算该线段的坐标方位角。当量测精度要求不高时，可以用量角器直接在图上量测直线的坐标方位角。

**(二)在数字地形图中查询**

利用南方 CASS 软件查询时，选择“工程应用”菜单下的“查询两点距离及方位”子项，根据命令区提示依次指定第一点和第二点，完成后命令区显示查询结果，如

两点间距离＝38 米，方位角＝87 度 26 分 46 秒

## 三、曲线线长查询

**(一)原理**

对于任意一条曲线，要计算其长度，如图 8-2 所示，是将该线从起点开始，用指定的步长 $m$ 沿过该点的切线方向分割该线，直到剩下线段长度 $a$ 小于 $m$ 为止。这样曲线的总长 $L=m\times n+a$（$n$ 为步长 $m$ 的整倍数）。显然，用这种方法计算出的曲线长度，与步长 $m$ 的大小有关，$m$ 越小，计算出的曲线长度越精确。

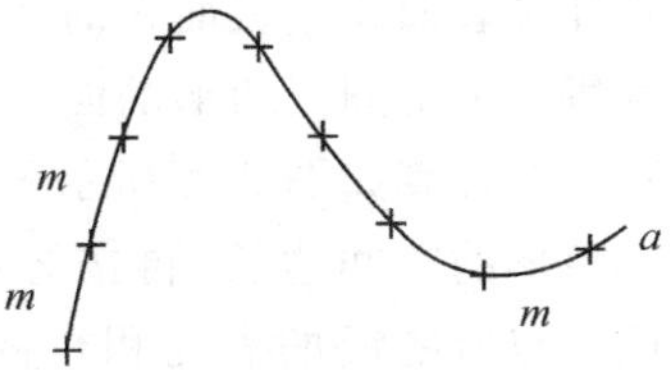


图 8-2　任意曲线长度计算

### (二)在数字地形图中查询

利用南方 CASS 软件查询时,选择“工程应用”菜单下的“查询线长”子项,根据命令区提示选中要查询的曲线或折线,完成后命令区显示查询结果,如

共有 1 条线状实体

实体总长度为 197.749 米

## 四、投影面积查询

### (一)原理

量算面积的方法主要有坐标解析法、几何图形法、网格法、平行线法、求积仪法等。其中,坐标解析法量算面积的精度较高,本书中只介绍坐标解析法的原理,其他方法在地形测量、工程测量课程中都有讲解。

坐标解析法是根据图块边界轮廓点的坐标计算面积的方法。如图 8-3 所示,设任意多边形,其顶点 1、2、3、…、$n$ 按顺时针方向排列,在测量坐标系中,其顶点的坐标分别为$(x_1,y_1)$,$(x_2,y_2)$,…,$(x_n,y_n)$,则多边形的面积计算公式为

$$S=\frac{1}{2}\sum_{i=1}^{n}(x_i+x_{i+1})(y_{i+1}-y_i) \tag{8-3}$$

式中,$n$ 为多边形顶点的个数;$x_{n+1}=x_1$,$y_{n+1}=y_1$。

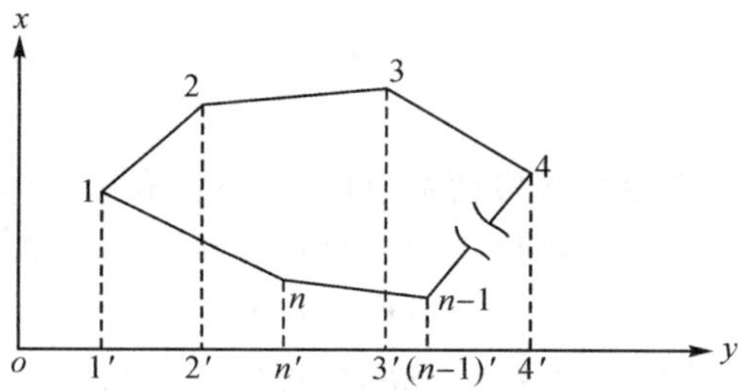


图 8-3 多边形面积计算

### (二)在数字地形图中查询

选择南方 CASS 软件主界面中“工程应用”菜单下的“查询实体面积”子菜单,用鼠标点取待查询实体的边界线即可。要注意实体必须是封闭的区域。

## 五、表面积查询

### (一)原理

在实际工作中,除了需要计算投影面积之外,有时还需要计算表面积。表面积的计算可以采用三角网法,分别计算每一个空间三角形的面积,各三角形面积之和即为表面积。要计算如图 8-4 所示区域的表面积,可分别反算每个三角形的空间边长,再按海伦公式计算其面积,即为实地该三点所围成的表面积。将待计算区域内每个空间三角形的面积累加起来,就是该区域的表面积。

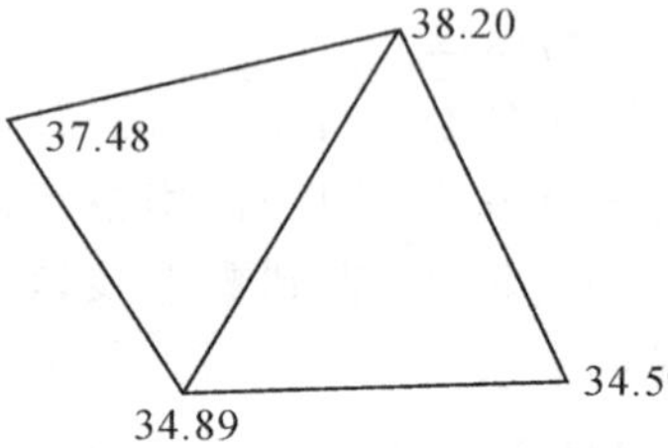


图 8-4 表面积计算

### （二）在数字地形图中查询

先将待计算表面积区域边界上的高程点连一条封闭的多义线，然后选择南方 CASS 软件主界面中“工程应用”菜单下的“计算表面积”子菜单，用鼠标点取该边界线即可。要注意实体必须是封闭的区域。

## 职业能力训练

训练一：利用南方 CASS 软件进行如下查询。

（1）单点位三维坐标查询。

（2）线段长度及方位查询。

（3）封闭图形面积查询。

（4）表面积查询。

训练目标：培养利用南方 CASS 软件熟练进行基本地形图要素属性查询的能力。

操作提示：

（1）选择南方 CASS 软件主界面中“工程应用”菜单。

（2）分别点击“查询指定点坐标”、“查询两点距离及方位”、“查询实体面积”、“计算表面积”子菜单。

# 任务二　纵横断面图的绘制

在修建铁路、公路、渠道、管线等工程时，选好线路后，都要了解沿线路中心线方向和垂直于线路中心线方向的地形变化情况，以作为线路设计的依据，这些地形变化的资料可以用纵横断面图来反映。其中，沿线路中心线方向的断面图称为纵断面图，垂直于线路中心线方向的断面图称为横断面图。绘制的断面图水平方向为里程，垂直方向为高程。断面图能详细地表示沿线的地形起伏变化，是计算挖填方量、坡度设计等的重要资料。

## 一、纵横断面图绘制原理

在工程设计中，当需要知道某一方向的地面起伏情况时，可按该方向直线与等高线交点的平距与高程绘制断面图，其方法如下。

如图 8-5 所示，欲沿 $MP$ 方向绘制断面图，首先在地形图上作直线 $MP$，找出与各等高线相交的点 $a$、$b$、$c$、$d$、$e$、$f$；在纸上绘制水平线 $MP$ 作为横轴表示水平距离，过 $M$ 点作 $MP$ 的垂线作为纵轴表示高程，分别量测自 $M$ 点到 $a$、$b$、$c$、$d$、$e$、$f$、$P$ 点的距离，自 $M$ 点沿 $MP$ 方向标出相应的 $a$、$b$、$c$、$d$、$e$、$f$、$P$ 各点；图上读取各点的高程，以各点高程作为纵坐标，作垂直于 $MP$ 的垂线，得到各交点在断面图中的位置，用光滑曲线连接这些点，即得到 $MP$ 方向的断面图。

为了明显表示地面的起伏变化，高程比例尺通常是水平比例尺的 10～20 倍；为了正确反映地面的起伏形状，方向线与地性线（山脊线、山谷线）的交点必须在断面图上表示出来，以使绘制的断面曲线更符合实际地貌，其高程可按比例内插获得。

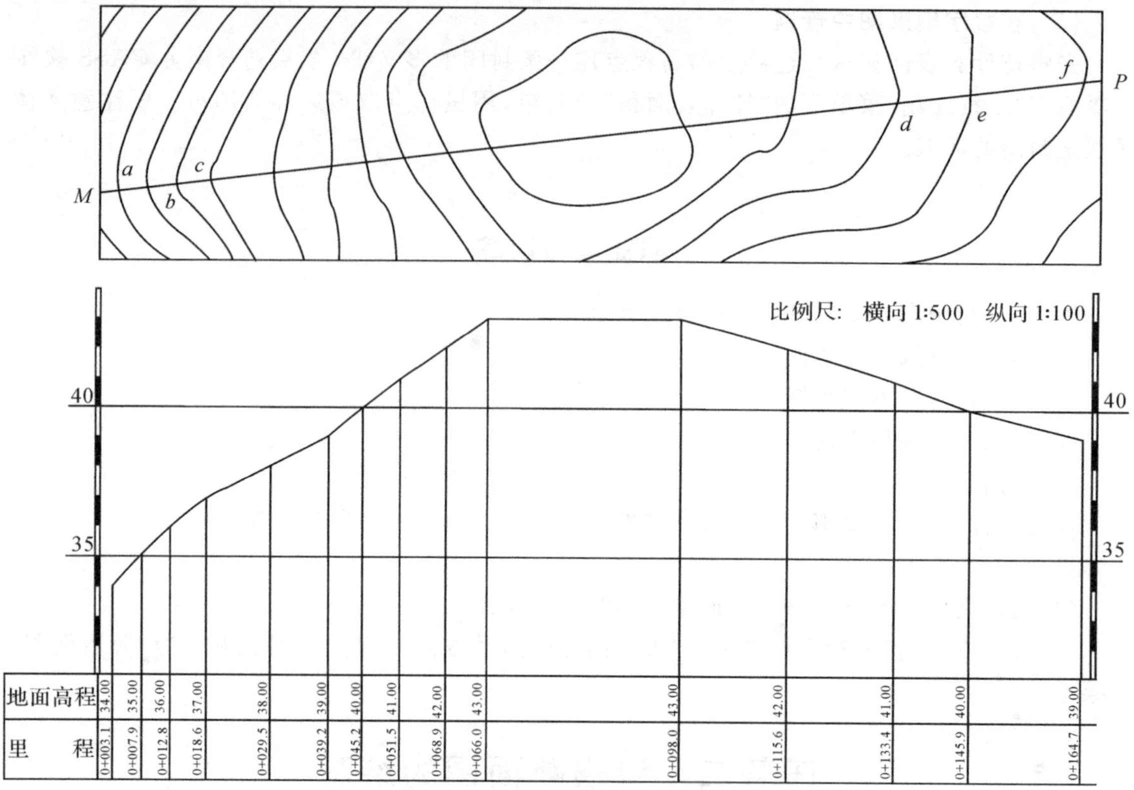


图 8-5　纵横断面图的绘制

## 二、纵横断面图的绘制

在南方 CASS 软件中,可根据坐标文件、图上高程点、里程文件三种方式绘制断面图。

**(一)根据坐标文件**

根据坐标文件中点的高程值来绘制指定断面的断面图时,先沿该断面方向绘制一条复合线,然后选择 CASS 主界面中“工程应用”菜单下的“绘断面图”子项,选择“根据坐标文件”子项。命令区提示“选择断面线”,鼠标选择所绘制的断面线(所选的断面线必须是复合线)。屏幕弹出“输入高程点数据文件名”对话框,则选择高程点数据文件。此时,命令区提示“请输入采样点间距(米)<20>”,根据工程要求,输入合适的采样点间距,系统默认值为 20 m;采样点间距的含义是复合线上两顶点之间若大于此间距,则每隔此间距内插一个点。之后,命令区提示“请输入起始里程<0>”,系统默认值为 0,输入起始里程后,系统弹出“绘制纵断面图”对话框,如图 8-6 所示。输入横向比例和纵向比例,确定后系统自动在屏幕绘图区绘制断面图,如图 8-7 所示。

**(二)根据图上高程点**

根据已有的高程点绘制断面图时,用户事先展绘高程点,并沿设计线位置画一条复合线;选择 CASS 主界面中“工程应用”菜单下的“根据图上高程点”子项,命令区提示“选择断面线”,则用鼠标选择所绘制的断面线;下面的步骤与“根据坐标文件”绘制断面图一样,完成后系统自动在屏幕绘图区绘制断面图。

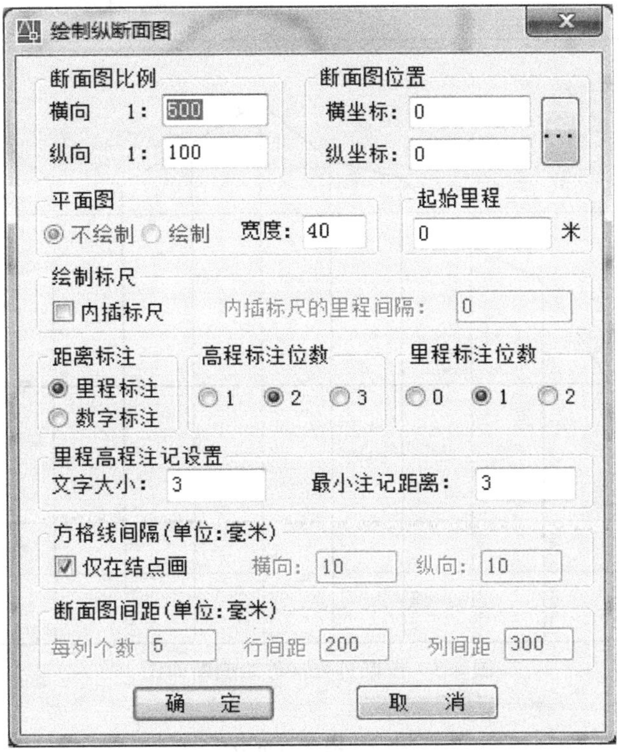


图 8-6　绘制纵断面图对话框

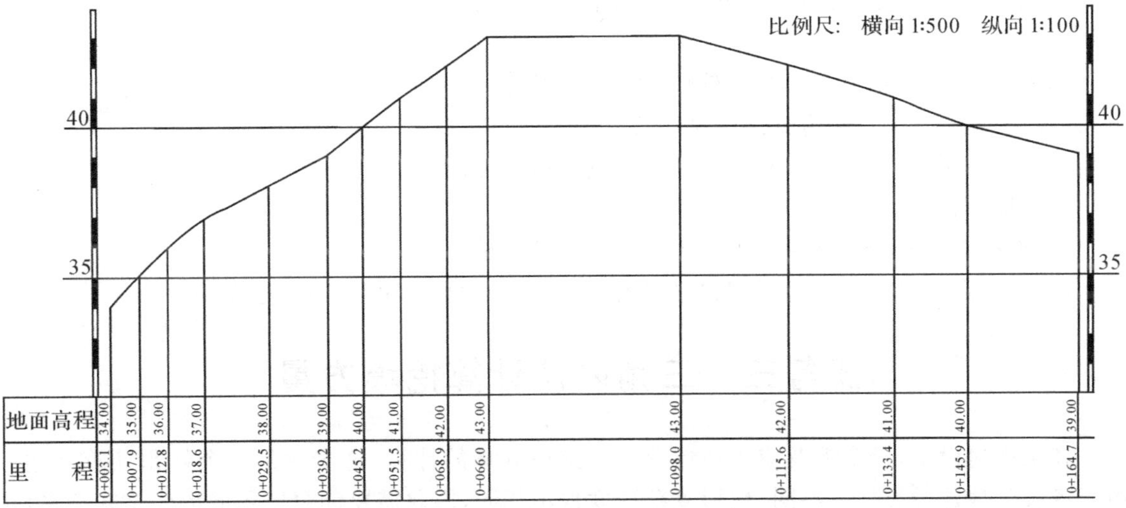


图 8-7　根据坐标文件绘制断面图

### (三)根据里程文件

选择 CASS 主界面中“工程应用”菜单下的“根据里程文件”子项，系统弹出“输入断面里程数据文件名”对话框，选择里程文件，输入横向比例和纵向比例，指定断面图起始点，完成后系统自动在屏幕绘图区绘制断面图，如图 8-8 所示。

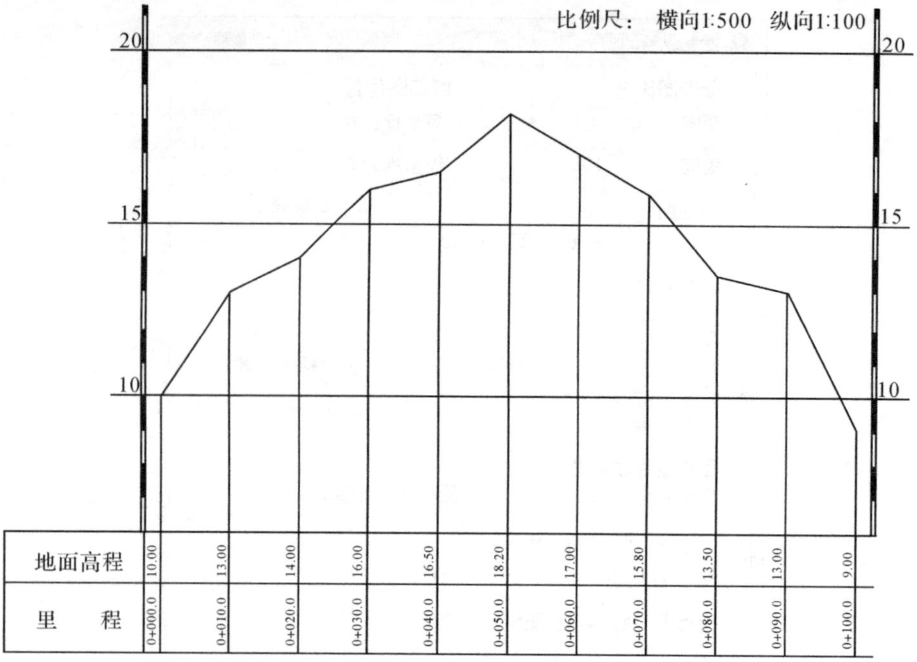


图 8-8 根据里程文件绘制断面图

### 职业能力训练

训练一：手工绘制某工程断面图。

训练目标：熟练掌握绘制工程断面图的基本原理与方法。

训练二：分别利用南方 CASS 软件“工程应用”菜单下的“根据坐标文件”、“根据图上高程点”、“根据里程文件”三种方式绘制某工程断面图。

训练目标：熟练利用南方 CASS 软件绘制纵横断面图。

操作提示：

(1)选择南方 CASS 软件主界面中“工程应用”菜单。

(2)分别点击“根据坐标文件”、“根据图上高程点”、“根据里程文件”子菜单。

## 任务三 三角网法计算挖填方量

在工程建设中，经常涉及应用地形图进行挖填方量的计算，这实际是一个体积计算问题。由于各种工程建设类型的不同，地形复杂程度也不相同，因此需要计算体积的形体是复杂多样的。本节与任务四将分别介绍利用三角网法与网格法计算挖填方量。

### 一、三角网法计算挖填方量的原理

三角网法计算挖填方量是根据实测的地面点坐标($X,Y,Z$)生成三角网。由于每一个空间三角形与其在指定计算高程平面上的投影都形成一个三棱柱，所以挖填方量的计算最终归结为若干三棱柱的体积计算，即对每个三棱柱计算其挖填方量并加以累积，就可以得到总的挖填方量。

**(一)绘制三角网**

建立三角网的基本过程是将邻近的三个离散采样点连接成初始三角形，再以这个三角形的每一条边为基边连接邻近的数据点，组成新的三角形。按照这种方法继续下去，直至所有的数据点均连成三角形。在建网过程中，要确保三角网中没有交叉和重复的三角形。

**(二)计算挖填方体积**

对于每个三棱柱的计算，可先调整其在3个顶点处的高程(分别用$h_1$、$h_2$、$h_3$表示)，使之满足$h_1 \leqslant h_2 \leqslant h_3$，则大致可分为下面几种情况(设计高程为$h$)。

(1)若$h_1 \geqslant h$且$h_2 \geqslant h$且$h_3 \geqslant h$，则整个三棱柱位于设计高程平面之上，均为挖方。

(2)若$h_1 < h$且$h_2 < h$且$h_3 < h$，则整个三棱柱位于设计高程平面之下，均为填方。

对于以上两种情况，其挖填方量计算公式为

$$V = \frac{1}{3} S(|\Delta h_1| + |\Delta h_2| + |\Delta h_3|) \tag{8-4}$$

式中，$S$为三角形的水平投影面积；$|\Delta h_1|$、$|\Delta h_2|$、$|\Delta h_3|$为3个顶点高程与设计高程之间的绝对高差。

(3)若$h_1 \leqslant h < h_2$，此时三棱柱既有挖方，又有填方。如图8-9所示，挖方部分可视为一个斜四棱柱，填方部分为一个三棱锥，两者体积公式为

$$\left.\begin{aligned} V_{挖} &= \frac{1}{4}(S_{\triangle abc} - S_{\triangle amn})(|\Delta h_2| + |\Delta h_3|) \\ V_{填} &= \frac{1}{3} S_{\triangle abc} |\Delta h_1| \end{aligned}\right\} \tag{8-5}$$

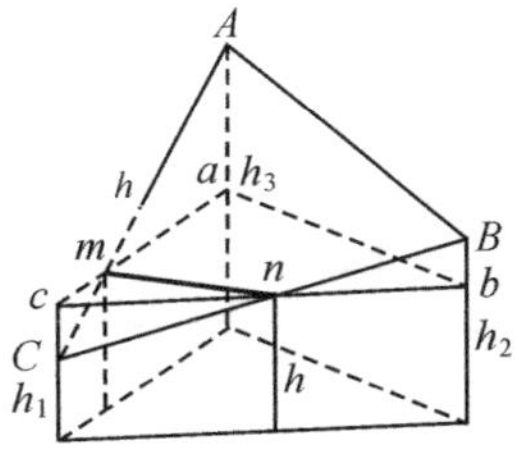

图8-9　计算挖填方体积

(4)$h_2 \leqslant h < h_3$，此时同样既有挖方，又有填方。其中，挖方部分为一个三棱锥，容易计算其体积；填方部分为一个斜四棱柱，计算方法与(3)的情况相似。

## 二、三角网法计算挖填方量的方法

在南方CASS软件中利用三角网法计算挖填方量的方法有两种：一种是完全计算，包含重新建立三角网的过程，分“根据坐标文件”和“根据图上高程点”两种方法；另一种是根据图上的三角网进行计算，该方法直接采用图上已有的三角形，不再重建三角网。

**(一)完全计算**

1. 根据坐标文件

(1)用复合线在需要计算挖填方量的区域画出闭合线(注意不要拟合)，作为边界线。

(2)选择“工程应用”菜单下“DTM法土方计算”子项中的“根据坐标文件”。

(3)根据提示选择边界线。

(4)输入边界插值间隔，系统默认值为20 m。

(5)选择高程点坐标数据文件。

(6)输入场地平整标高，即设计高程。

运行完成后，屏幕即显示计算结果，如图8-10所示。

2. 根据图上高程点

(1)展绘高程点，然后用复合线在需要计算挖填方量的区域画出闭合线(注意不要拟合)，作为边界线。

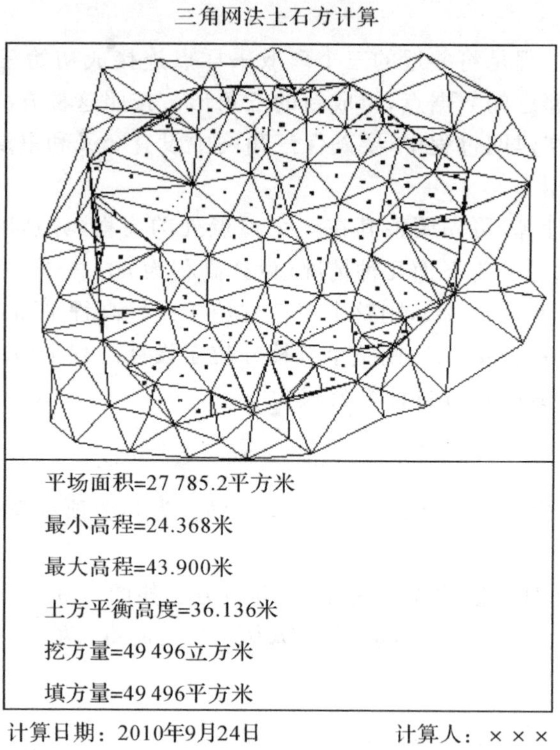


图 8-10 根据坐标文件计算挖填方量显示结果

(2)选择“工程应用”菜单下“DTM 法土方计算”子项中的“根据图上高程点”。

(3)根据提示选择边界线。

(4)输入边界插值间隔，系统默认值为 20 m。

(5)根据实际需要在提示中进行选择，选 1 则选取高程点的边界，选 2 再键入“ALL”将选取图上所有绘出的高程点。

(6)输入设计高程。

运行完成后，屏幕即显示计算结果。

**(二)根据图上三角网计算**

(1)对上述用完全计算功能生成的三角网进行必要的修改，使结果符合实际地形。

(2)选择“工程应用”菜单下“DTM 法土方计算”子项中的“根据图上三角网”。

(3)输入设计高程。

(4)用鼠标在图上选取要进行计算的三角网，一般是拉对角线批量选取。

运行完成后，屏幕即显示计算结果。

## 职业能力训练

训练一：利用南方 CASS 软件中的三角网法计算某工程的挖填方量。

训练目标：熟练利用南方 CASS 软件中的“DTM 法土方计算”计算挖填方量。

操作提示：

(1)选择南方 CASS 软件主界面中“工程应用”菜单。

(2)分别选择“DTM 法土方计算”子菜单中的“根据坐标文件”、“根据图上高程点”、“根据图上三角网”子项。

# 任务四　方格网法计算挖填方量

方格网法，其计算挖填方量是根据实地测得的地面点坐标($X$，$Y$，$Z$)和设计高程，通过生成方格网来计算每一个方格的挖填方量，最后累计得到指定范围内挖方和填方的土方量，并绘出挖填方分界线的。该方法主要用于施工场地范围较大，而地形起伏不大且地面坡度有规律的区域。用方格网法计算挖填方量，设计面可以是水平的，也可以是倾斜的，其步骤如下。

**(一)绘制方格网**

在地形图上按照施工场地范围绘制方格网。网格边长根据地形情况和挖、填土石方量计算的精度要求而定，一般以 10 m 或 20 m 为宜。当采用机械施工时，可取 40 m 或 100 m。

**(二)计算设计高程**

如图 8-11 所示，根据地形图上的等高线，利用内插法或目估法求出各方格顶点的地面高程，并注记在各方格点的右上方。

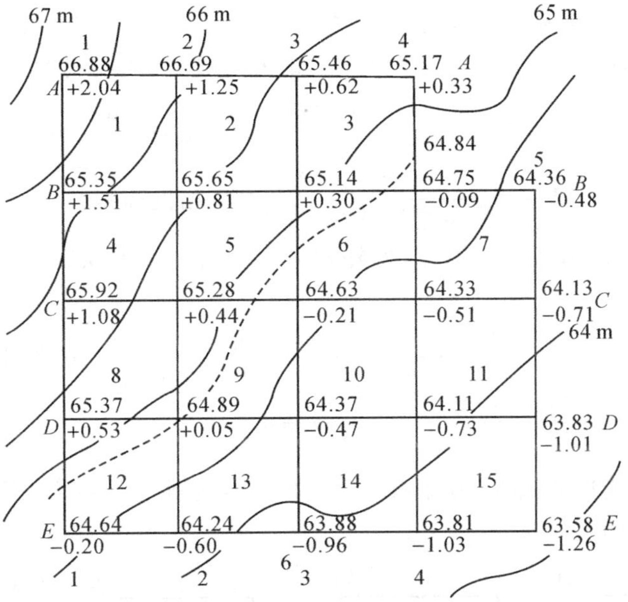


图 8-11　方格网法计算挖填方量

为使挖方与填方大致平衡，可取各方格顶点高程 $h_i$ 的平均值作为设计高程 $h_{设}$，即

$$h_{设} = \frac{1}{n}\sum_{i=1}^{n} h_i \tag{8-6}$$

式中，$n$ 为方格顶点数；$h_i$ 为方格顶点高程；$h_{设}$ 为设计高程。

**(三)确定挖填边界线**

根据设计高程，在图上用内插法绘出设计高程的等高线，该等高线即为挖填分界线。

**(四)计算挖填高度**

各方格顶点的地面高程与设计高程之差为挖填高度 $h$，即

$$h=h_i-h_{设} \tag{8-7}$$

把根据式(8-7)计算的数值标注在相应方格的左上方，$h$ 为"＋"表示挖方，$h$ 为"－"表示填方，如图 8-11 所示。

**(五)计算挖、填方体积**

实际计算时，可分别计算各方格内挖方、填方体积。若方格内既有挖方又有填方则应分别求解，最后再计算总的挖方、填方体积。

(1)4 个格网点均为挖方或填方，如图 8-12(a)所示，计算公式为

$$V=\frac{h_a+h_b+h_c+h_d}{4}\times 方格网面积 \tag{8-8}$$

式中，$V$ 为挖方或填方体积；$h_a$、$h_b$、$h_c$、$h_d$ 为方格网 4 个角点的挖填高度。

(2)相邻 2 个格网点为挖方，另外相邻 2 个格网点为填方，如图 8-12(b)所示，计算公式为

$$\left.\begin{aligned}V_{挖}&=\frac{(h_a+h_c)^2}{4(h_a+h_b+h_c+h_d)}\times 方格网面积\\V_{填}&=\frac{(h_b+h_d)^2}{4(h_a+h_b+h_c+h_d)}\times 方格网面积\end{aligned}\right\} \tag{8-9}$$

式中，$V_{挖}$ 为挖方体积；$V_{填}$ 为填方体积。

(3)1 个格网点为挖方，3 个格网点为填方，如图 8-12(c)所示，计算公式为

$$\left.\begin{aligned}V_{挖}&=\frac{2h_b+2h_c+h_d-h_a}{6}\times 方格网面积\\V_{填}&=\frac{h_a^3}{6(h_a+h_b)(h_a+h_c)}\times 方格网面积\end{aligned}\right\} \tag{8-10}$$

(4)相对 2 个格网点为连通的填方，另外相对 2 个格网点为独立的挖方，如图 8-12(d)所示，计算公式为

$$\left.\begin{aligned}V_{挖}&=\frac{1}{6}\left[\frac{h_b^3}{(h_a+h_b)(h_b+h_d)}+\frac{h_c^3}{(h_c+h_a)(h_c+h_d)}\right]\times 方格网面积\\V_{填}&=\frac{2h_a+2h_d-h_b-h_c}{6}\times 方格网面积\end{aligned}\right\} \tag{8-11}$$

若相对 2 个格网点为连通的挖方，另外相对 2 个格网点为独立的填方，则式(8-11)中上、下两个计算公式的右式对调。

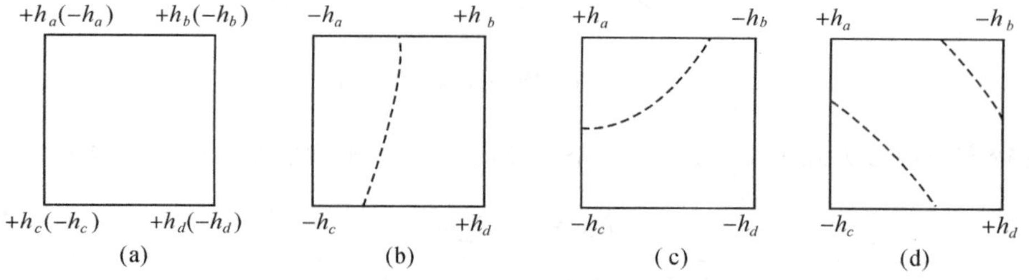


图 8-12 计算挖填方量示意图

方格网法计算挖填方量，计算简单，实际应用较多。由于格网点高程通常是根据周围实测高程以距的倒数为权计算得到(参见单元五的任务七"网格法绘制等高线")，通常不直接实测

格网点高程，所以这种方法计算出来的结果不如三角网法精确。

### 职业能力训练

训练一：在图 8-13 中，网格边长为 20 m，试计算设计标高分别为 38.0 m，43.0 m，50.0 m 时，该网格内的填挖方量。

训练目标：熟练掌握方格网法计算挖填方量的基本原理与方法。

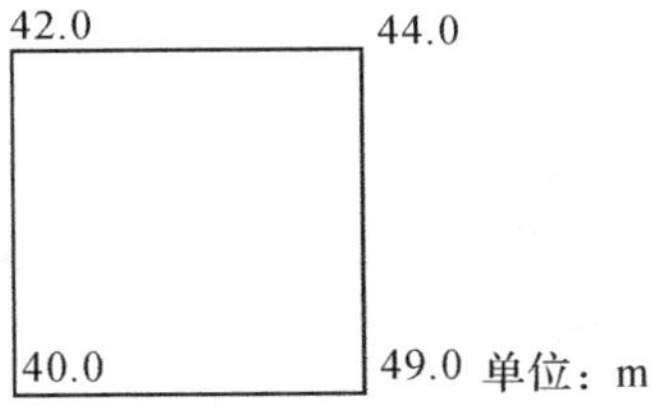


图 8-13　方格网法土方计算

## 任务五　两期间挖填方量计算

两期间填挖方量是指在某一施工区域内，在某时刻地表处于某一形态，经过一段时间的施工，地表变成了另一个形态，在此过程中，原来高的地方可能被挖低，原来低的地方可能被填高，现要计算在这个期间，施工区域内的挖填方量。两期间的土方计算，常见的是开挖前至开挖后的土方计算，第一期测量为开挖前原始地形的测量，第二期测量为开挖后新地貌的测量，通过两次测量，形成两个地面高程点数据文件，就可以计算出两期的挖方量和填方量。

### 一、三角网法计算两期间土方

在南方 CASS7.0 地形地籍成图软件中，点击"工程应用"菜单中的"DTM 法土方量计算"中"计算两期间土方"功能，可完成两期间土方计算，其方法如下。

(1)准备原始地貌高程点数据文件和开挖后形成的新地貌的高程点数据文件。

(2)根据高程点数据文件，分别构建原始地貌的不规则三角网，开挖后形成的新地貌对应的不规则三角网，分别保存为两个三角网数据文件。

(3)运行"计算两期间土方"功能，根据提示分别指定第一期三角网对应的数据文件和第二期三角网对应的数据文件。

(4)输出计算结果。

完成上述步骤后，CASS7.0 软件在屏幕上只显示挖填方量计算结果，如图 8-14 所示，不显示计算的详细数据。计算完后，在与三角网文件相同的文件夹下生成 dtmtf.log 文件，里面包括 DTM 方法计算每个三角形的顶点三维坐标及该三角形范围内的填方、挖方结果，可以将其导入到 Excel 中编

图 8-14　两期间土方计算结果

辑、打印并作为正式成果提交。

## 二、方格网法计算两期间土方

由方格网来计算土方量根据实地测定的地面点坐标(*X*,*Y*,*Z*)和设计高程或施工后的地面高程,通过生成方格网来计算每一个方格内的填挖方量,最后累计得到指定范围内填方和挖方的土方量,并绘出填挖方分界线。

系统首先将方格的四个角上的高程相加(如果角上没有高程点,通过周围高程点内插得出其高程),取平均值与设计高程相减。然后通过指定的方格边长得到每个方格的面积,再用长方体的体积计算公式得到填挖方量。方格网法简便直观,易于操作,因此这一方法在实际工作中应用非常广泛。

用方格网法算土方量,设计面可以是平面、斜面和不规则三角网。

### (一)设计面是平面时的操作步骤

(1)用复合线画出所要计算土方的区域,一定要闭合,但是尽量不要拟合。因为拟合过的曲线在进行土方计算时会用折线迭代,影响计算结果的精度。

(2)选择"工程应用"中的"方格网法土方计算"。

(3)命令行提示"选择计算区域边界线",则选择土方计算区域的边界线(闭合复合线)。

(4)屏幕上将弹出如图 8-15 所示的方格网土方计算对话框,在对话框中选择所需的坐标文件;在"设计面"栏选择"平面",并输入目标高程;在"方格宽度"栏,输入方格网的宽度,这是每个方格的边长,默认值为 20 m。由原理可知,方格的宽度越小,计算精度越高;但如果给的值太小,超过了野外采集的点的密度也是没有实际意义的。

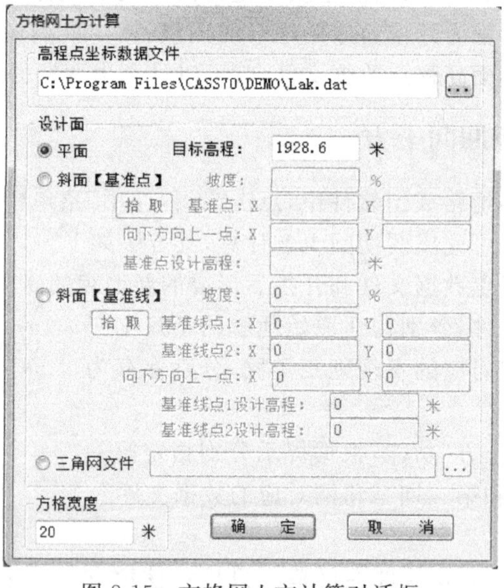


图 8-15 方格网土方计算对话框

(5)点击"确定",命令行提示

最小高程=××.×××,最大高程=××.×××

总填方=××××.×立方米,总挖方=×××.×立方米

同时图上绘出所分析的方格网、填挖方的分界线(绿色折线),并给出每个方格的填挖方

量，每行的挖方和每列的填方，结果如图 8-16 所示。

| | 挖方 | | | | | | | |
|---|---|---|---|---|---|---|---|---|
| | 2 138.8 | | | | | | | |
| | 2 466.6 | | | | | | | |
| | 341.4 | | | | | | | |
| | 0.0 | | | | | | | |
| 总面积 | 4 713.8 | 303.8 | 298.0 | 209.7 | 338.8 | 515.2 | 133.4 | 填方 |
| 总填方 | 1 798.9 | | | | | | | |
| 总挖方 | 4 946.8 | | | | | | | |

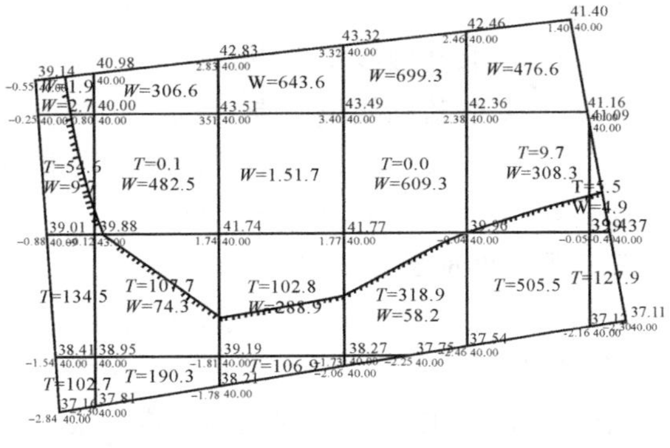


图 8-16　南方 CASS 中方格网法计算挖填方量显示结果

**(二)设计面是斜面时的操作步骤**

设计面是斜面的时候，操作步骤与平面的时候基本相同，区别在于在方格网土方计算对话框的“设计面”栏中，选择“斜面【基准点】”或“斜面【基准线】”。

(1)如果设计的面是斜面(基准点)，需要确定坡度、基准点和向下方向上一点的坐标，以及基准点的设计高程。点击“拾取”，命令行提示

点取设计面基准点：

指定斜坡设计面向下的方向：

则填写基准点设计高程、坡度即可进行计算，如图 8-17 所示。

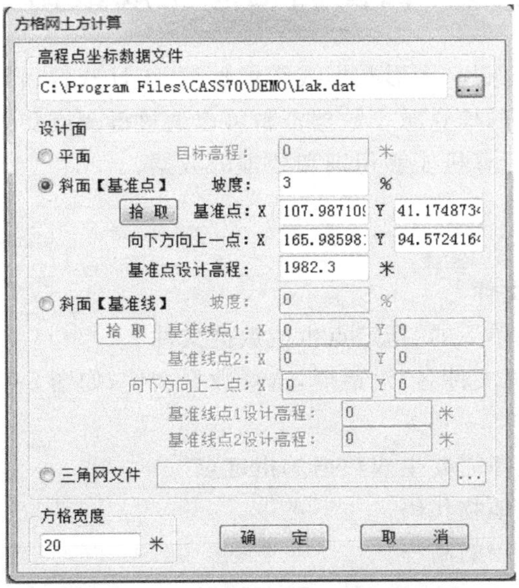


图 8-17　斜面(基准点)计算填挖方量

(2)如果设计的面是斜面(基准线),需要输入坡度并点取基准线上的两个点,以及基准线向下方向上的一点,最后输入基准线上两个点的设计高程即可进行计算。点击“拾取”,命令行提示

点取基准线第一点:

点取基准线第二点:

指定设计高程低于基准线方向上的一点:

则输入两基准点设计高程、斜面坡度即可进行计算。

**(三)设计面是三角网文件时的操作步骤**

选择设计的三角网文件,点击“确定”,即可进行方格网土方计算。三角网文件由“等高线”菜单中“三角网存取”功能生成。

设计面是三角网时计算两期间土方,其准确程度取决于各期地形数据的施测质量,以及建构和调整的三角网与地面的符合程度。因此,外业采集数据和内业构建三角网是保证两期间土方计算的关键。

### 职业能力训练

训练一:利用南方 CASS 软件,根据给定的施工前高程点数据文件和施工后的高程点数据文件,分别用三角网法和方格网法计算施工前后的挖填方量。

训练目标:培养使用南方 CASS 软件计算两期间土方的能力。

操作提示:

(1)三角网法计算时用 CASS 软件中“工程应用→DTM 法土方计算→计算两期间土方”菜单功能。

(2)方格网法计算时用 CASS 软件中“工程应用→方格网法土方计算”菜单功能。

# 任务六　由图面信息生成数据文件

地形图、航空航天遥感像片、图形数据或影像数据、统计资料、野外测量数据或地理调查资料等,都可以作为数字测图的信息源。数据资料可以通过键盘或转储的方法输入计算机,图形和图像资料则必须转换成计算机能够识别和处理的数据。

## 一、生成数据文件

**(一)指定点生成数据文件**

(1)选择“工程应用”菜单下的“指定点生成数据文件”。

(2)屏幕弹出“输入数据文件名”对话框,选择数据文件,如图 8-18 所示。

(3)命令行提示如下。

——“指定点”:鼠标选择需要生成数据的指定点。

——“地物代码”:输入地物代码。

——“高程”:输入指定点的高程。

——“测量坐标系:$X$=31.121m　$Y$=53.211m　$Z$=0.000m,Code:111111”:此提示为系统自动给出。

——“请输入点号：<9>”：默认的点号 9 是由系统自动追加，也可以自己输入。

(4)一个点的数据文件已生成。

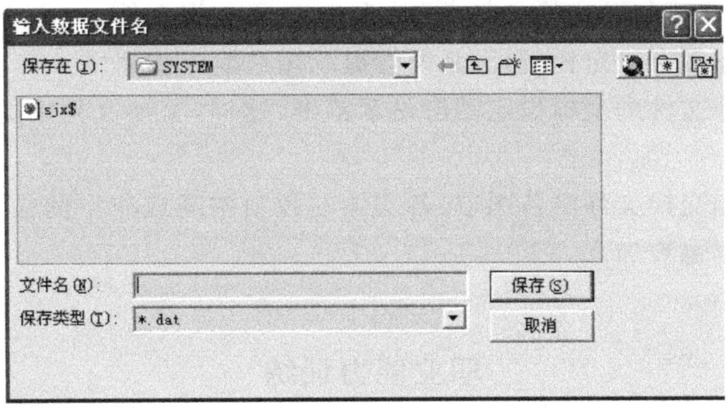


图 8-18　输入数据文件名对话框

**(二)高程点生成数据文件**

(1)选择“工程应用”菜单下的“高程点生成数据文件”(包括有编码高程点和无编码高程点)。

(2)屏幕弹出“输入数据文件名”对话框，选择数据文件。

(3)命令行提示

请选择：　①选取区域边界　②直接选取高程点或控制点<1>

选择①：鼠标选择区域的边界；选择②：鼠标点取要选择的点。选择获得高程点的方法，系统默认设置为选取区域边界。

## 二、生成交换文件

CASS 为用户提供了多种文件形式的数字地图，除 AutoCAD 的 DWG 文件外，还提供了 CASS 本身定义的数据交换文件(后缀为“.cas”)。这为用户的各种应用带来了极大的方便。DWG 文件一般方便于用户进行各种规划设计和图库管理，CAS 文件方便于用户将数字地图导入 GIS。由于 CAS 文件是全信息的，因此在经过一定的处理后便可以将数字地图的所有信息毫无遗漏地导入 GIS。CAS 文件的数据格式是公开的，用户很容易根据自己 GIS 平台的文件格式开发出相应的转换程序。

CASS 的数据交换文件也为用户的其他数字化测绘成果进入 CASS 提供了方便之门。CASS 的数据交换文件与图形的转换是双向的，CASS 在它的操作菜单中提供了这种双向转换的功能，即“生成交换文件”和“读入交换文件”。也就是说，不论用户的数字化测绘成果是以何种方法、何种软件、何种工具得到的，只要能转换为(或生成)CASS 的数据交换文件，就可以将它导入 CASS 为数字化测图工作所用。另外，CASS 本身的“简码识别”功能就是把从电子手簿传过来的简码坐标数据文件转换成 CAS 交换文件，然后用“绘平面图”功能读出该文件而实现自动成图的。

**(一)生成交换文件**

(1)选择“数据”菜单下的“生成交换文件”。

(2)屏幕弹出“输入数据文件名”对话框，选择数据文件。

(3)输入绘图比例尺。

整个过程结束后，用户可用“编辑”菜单下的“编辑文本文件”命令查看生成的交换文件。

**(二)读入交换文件**

(1)选择"数据"菜单下的"读入交换文件"命令。

(2)屏幕弹出"输入 CASS 交换文件名"对话框,选择数据文件。

(3)如当前图形还没有设定比例尺,系统会提示用户输入比例尺。

(4)系统根据交换文件的坐标设定图形显示范围;这样,交换文件中的所有内容都包含在屏幕显示区中。

(5)系统逐行读出交换文件的各图层、各实体的各项空间或非空间信息并将其画出来;同时,各实体的属性代码也被加入。

## 职业能力训练

训练一:利用南方 CASS7.0 软件从给定的数字地图中提取数据文件。

(1)指定点生成数据文件。

(2)将高程点生成数据文件。

(3)根据等高线生成数据文件。

训练目标:掌握使用南方 CASS 软件由图面信息生成数据文件。

## 单元小结

数字地形图是制定规划、设计,进行工程建设的重要依据和基础资料。本单元重点讲述了数字地形图中基本地图要素的属性查询、纵横断面图的绘制原理与方法、三角网法和方格网法计算挖填方量的原理等内容,并详细介绍了如何利用南方 CASS 软件实现基本地形图要素属性的查询、纵横断面图的绘制、挖填方量计算、由图面信息生成数据文件等。通过具体的实训项目,培养在实际工程中应用大比例尺数字地形图的能力。

## 思考与练习题

1. 如何从数字地形图中提取两点间的距离与方位角?

2. 如何绘制数字地形图上已知方向的断面图?

3. 如图 8-19 所示的三角形,请计算其表面积和投影面积。

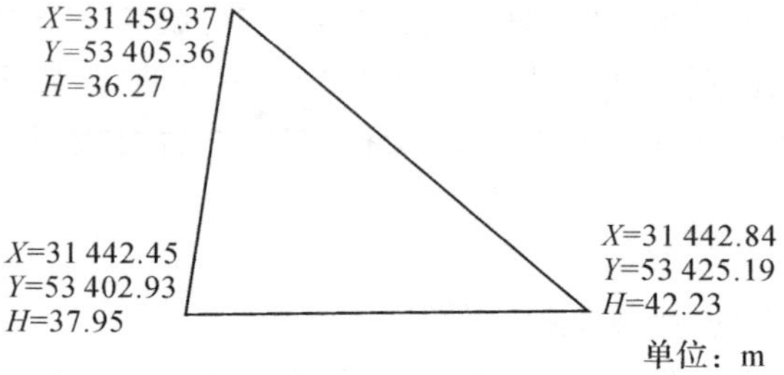


图 8-19 实测三角形

4. 在图 8-19 中,如果设计标高为 38.0 m,请计算该三角形范围内的填挖方量。

# 参考文献


边微，李西灿，李文华，等. 2004. 数字化测图实践与认识[J]. 山东农业大学学报：自然科学版，35(3)：386-390.

杜培军，程朋根. 2006. 计算机地图制图原理与方法[M]. 徐州：中国矿业大学出版社.

范国雄. 2003. 数字化测图[M]. 北京：中国建筑工业出版社.

纪勇. 2008. 数字测图技术应用教程[M]. 郑州：黄河水利出版社.

靳祥升. 2005. 测量平差[M]. 郑州：黄河水利出版社.

梁勇，邱健壮，厉彦玲. 2009. 数字测图技术及应用[M]. 北京：测绘出版社.

潘正风，杨正尧，程效军. 2004. 数字测图原理与方法[M]. 武汉：武汉大学出版社.

Sham Tickoo. 2001. AutoCAD2000 高级定制[M]. 辛洪兵，译. 北京：机械工业出版社.

武汉大学测绘学院测量平差学科组. 2005. 误差理论与测量平差基础习题集[M]. 武汉：武汉大学出版社.

徐泮林. 2008. 最新 AutoCAD 地形图测绘高级开发[M]. 北京：地震出版社.

徐宇飞. 2005. 数字测图技术[M]. 郑州：黄河水利出版社.

杨晓明，苏新洲. 2005. 数字测图基础[M]. 北京：测绘出版社.

杨晓明，王军德，时东玉. 2001. 数字测图(内外业一体化)[M]. 北京：测绘出版社.

张剑波，刘修国，吴信才. 2001. 约束 Delaunay 三角剖分在土方量计算中的应用[J]. 测绘通报，(8)：22-23.

赵文亮. 2008. 地形测量[M]. 郑州：黄河水利出版社.

朱成立，刘强，陈艳. 2008. 土地平整中土石方量计算的三角网格法[J]. 水利水电科技进展，28(2)：68-71.

# 附录　南方平差易文件格式介绍

1. 控制网数据文件(接口文件)

存放整个控制网的所有数据,包括坐标高程、观测数据、控制网属性、处理参数等,是一基本工作文件,其文件格式为 TXT 纯文本文件,可以用记事本打开编辑。文件格式如下。

| | |
|---|---|
| [NET] | ——文件头,用于保存控制网属性 |
| Name: | ——控制网名 |
| Organ: | ——单位名称 |
| Obser: | ——观测者 |
| Computer: | ——计算者 |
| Recorder: | ——记录者 |
| Remark: | ——备注 |
| Software:南方平差易 2005 | ——计算软件 |
| [PARA] | ——文件头,用于保存控制网基本参数 |
| MO: | ——验前单位权中误差 |
| MS: | ——测距仪固定误差 |
| MR: | ——测距仪比例误差 |
| DistanceError: | ——边长中误差 |
| DistanceMethod: | ——边长定权方式 |
| LevelMethod: | ——水准定权方式 |
| Mothed: | ——平差方法(0 表示单次平差,1 表示迭代平差) |
| LevelTrigon: | ——水准测量或三角高程测量 |
| TrigonObser: | ——单向或对向观测 |
| Times: | ——平差次数 |
| Level: | ——平面网等级 |
| Level1: | ——水准网等级 |
| Limit: | ——限差倍数 |
| Format: | ——格式(如:1 全部,2 边角等) |
| [STATION] | ——文件头,用于保存测站点数据 |

测站点名, 点属性, $X$, $Y$, $H$, 偏心距, 偏心角

| | |
|---|---|
| [OBSER] | ——文件头,用于保存观测数据 |

照准点, 方向值, 观测边长, 高差, 斜距, 垂直角, 偏心距, 偏心角, 零方向值

[STATION]中的点属性表示控制点的属性:“00”表示高程、坐标都未知的点,“01”表示高程已知、坐标未知的点,“10”表示坐标已知、高程未知的点,“11”表示高程、坐标都已知的点。

在输入测站点数据和观测数据中,中间空的数据用“,”分隔,如果在最后一个数据后面已没有观测数据,可以省略“,”。例如,观测数据“A,,100,1.023”表示照准点是 A 点,观测边长

为 100m，观测高差为 1.023m；可以看出观测高差后的其余观测数据省略，而方向值用“，”分隔。

按此格式完整编辑好的数据文件，读入 PA2005 后，即可直接进行平差。用户也可不编辑[NET]、[PARA]的内容，只编辑[STATION]和[OBSER]的内容，将数据读入到 PA2005 中后，在 PA2005 中进行诸如网名、平差次数等参数的设置，设置完后再进行平差计算。

演示实例文件如下(此网的平差略图如附图 1 所示)。

[NET]
name：bjw3
Organ：SOUTH SURVEY
Obser：SOUTH
Computer：SOUTH
Recorder：SOUTH
Remark：BJW
Software：南方平差易 2005

[PARA]
MO：2.5
MS：5.0
MR：5.0
Mothed：0
Times：1
Level：4
Limit：3

[STATION]
1，10，31250.25，11500.41，
2，10，33256.57，10900.84，
3，00，32993.898，13000.394，
4，00，30895.205，14570.302，
5，00，34800.602，14200.698，

[OBSER]
1，2，，，，，
1，3，57.20321，2300.060，，，
1，4，113.140635，3090.353，，，
2，5，，3643.234，，，

2，3，32.122292，2115.919，，，
2，4，57.501530，4363.611，，，
2，1，98.261273，，，，

3，1，，，，，
3，2，56.253779，，，，
3，5，172.533944，2169.073，，，
3，4，282.295383，2620.909，，，

4，1，，，，，
4，2，26.095412，，，，
4，3，46.361798，，，，
4，5，77.594671，3922.86，，，

5，4，，，，，
5，3，39.001779，，，，
5，2，70.195151，，，，

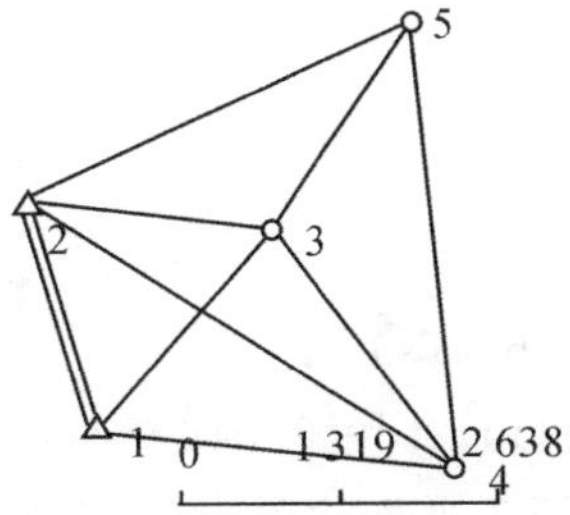


附图 1　平差略图

2. 坐标文件

CASS 坐标文件是系统输出的成果文件，为 DAT 格式文件。其文件格式如下。

总点数
点名，编号，*X*，*Y*，*H*

演示实例文件如下。

```
5
1，131100，11500.410，31250.250，0.000
2，131100，10900.840，33256.570，0.000
3，131100，13000.396，32993.902，0.000
4，131100，14570.302，30895.196，0.000
5，131100，14200.696，34800.604，0.000
```

3. 闭合差文件

闭合差成果输出文件，以纯文本格式保存，用于存放整个控制网的闭合差情况。其文件格式如下。

| | |
|---|---|
| 序号：< > 几何条件： | ——序号指闭合差的序号，几何条件指构成闭合差的图形条件 |
| 路径： | ——构成图形条件所经过的控制点 |
| 闭合差，限差 | ——根据闭合差条件不同显示不同的闭合差 |
| fx，fy，fd | ——分别为纵坐标差、横坐标差、相对闭合差 |
| [s]，k，平均边长 | ——[s]闭合导线总长度，k 为导线全长相对闭合差 |

演示实例文件如下。

[闭合差统计表]

序号：<1> 几何条件：中点多边形
路径：yjs-gd1-gd2-gsj-wzj-jh-sqz-xfd
极条件闭合差=0(s)，限差=4(s)

序号：<2> 几何条件：中点多边形
路径：bc-sqz-xfd-wzj-zzc-jh
极条件闭合差=−2(s)，限差=4(s)

……

序号：<15> 几何条件：闭合导线
路径：hbl-xh-spgs-wzj-gsj
角度闭合差=−2.9(s)，限差=16.8(s)
fx=−0.023 (m)，fy=−0.044 (m)，fd=0.049 (m)
[s]=5818.824 (m)，k=1/117756，平均边长=1163.765 (m)